華人社區當押業與公司管治

陳冠雄　巫麗蘭　林振聘　黃慧儀　著

序一

盧華基

信永中和香港管理合夥人

走進香港熙來攘往的街道，無論是商業繁榮的金融區還是一般市民生活的住宅區，我們總能看到當舖的存在。談到當舖，對大家來說並不陌生。然而，在現今社會，許多人，尤其是年輕一代，對於當舖並不了解，甚至存在疑問或好奇。

過去有關當舖的書籍，大多著墨於行業歷史及經營現狀，較少探討當舖內部的管治問題。相信大家普遍認為當舖僅是小店舖，並沒有想到也有企業化的經營，需要專業的會計和財務管理。事實上，在當前全球經濟環境的變動中，華人社區的當押業正扮演著重要角色，成為許多地區經濟活動的重要推動力。當押業在我們社區中承擔著重要的使命，為人們提供臨時性的經濟支援和資金周轉。在這個角色中，企業管治對當押業的重要性不可忽視。

企業管治是現代企業運作的基石，涉及企業內部的架構、決策過程、監督機制以及與外部持分者的關係。對於當押業這樣的機構來說，健全的企業管治結構尤為重要。良好的管治可確保企業擁有有效的風險管理和內部控制，保障客戶利益，維護市場的穩定和信心，並對整個行業的穩健運作作出貢獻。

企業是否有良好的管治對於核數師的工作有直接的影響。因此，在本書中，作者將探討當舖管治問題，並對跨地區企業管治進行比較。另外，本書亦將對當舖的內部管治進行梳理，從過去家族式的管理模式開始，探討現代企業化模式的管理如何應對社會經濟的不斷更新和發展。同時，本書亦解答了看似夕陽行業的當舖至今仍然屹立不倒的原因。

透過本書，不僅可讓讀者對當舖行業有更清晰的認知，同時亦能啟發我們對傳統行業如何發展的思考。本書涵蓋了其他華人地區的當舖，特別是新加坡的當舖業，其現代化程度之高令人稱道，香港可以從中獲得很多借鑑。此外，近年來，內地經濟發展迅速，內地的當舖業呈現出蓬勃的景象。未來，內地的當舖業有可能進軍香港市場，或者兩地當舖企業融合發展會成為一種趨勢。透過本書，我們能夠更深入地了解華人各地的當舖行業，為未來的機遇和挑戰做好準備。此外，書中亦作出總結比較，讓我們能夠了解香港當舖的優劣之處，並探討傳統行業如何克服困境，持續向前發展。這對於相關決策者來說具有極大的參考價值。

我們希望這本書能夠為華人社區的當押業帶來更多的啟發和洞察，同時引導各方關注和重視企業管治的重要性。無論是當舖企業的管理者、從業人員，還是監管機構和學術界的研究者，都能夠從本書中獲得有價值的資訊和指導，以推動行業的健康發展和可持續性。

最後，我想向作者和所有為這本書作出貢獻的人表示衷心的感謝。憑藉他們的努力和專業，此書集結了不同專家的觀點和經驗，成就一份重要的參考資料。我相信這本書將成為寶貴的資源，為華人社區的當押業帶來積極的影響。

序二

劉智鵬教授

香港立法會議員

嶺南大學協理副校長

香港教育工作者聯會會長

當押業是中國的古老行業，可以溯源至先秦時期；《周禮》記載的「地官質人」就是當押業的始祖。當押業在漢魏六朝形成行業的雛形，至唐宋元明而大盛；經營者由寺廟僧侶啟其端，進而普及於社會各界人士。清朝可謂當押業歷史的黃金時代，無論當舖數量、規模、類型、投資人數、資本等都遠超前代，並且與鹽業、木業並列為清代三大行業，可見其在社會經濟上的超然地位。

民國時期儘管政體與社會面貌劇變，但當押業承前朝餘緒，依然是社會上不可或缺的行業。此無他，當押業便民緩急的功能並不以時代更迭而改變。就這方面的功能而言，中國從晚清至新中國建立的百年之間戰禍不斷，民間對當押業的需求一直居高不下。19 世紀中太平天國起兵，震驚全國，咸豐皇帝為免百姓周轉無門，於是下旨勸諭富商大戶開辦當舖以解民困。民國時期的中國硝煙處處，當押業依舊發揮江湖救急的社會功能。

當押業雖然助人無數，卻絕非慈善事業。其實當押業在相當程度上穩賺不蝕，是上佳的生意，無怪乎成為清代三大行業之一；清朝皇帝和大臣深諳此道，廣開皇當和官當圖利，幫補皇室和衙門開銷，蔚為奇觀。

當舖賺錢是深入民心的印象，但箇中門路卻未必人人皆知。其實當舖的運作有類銀號，在相當程度上屬於金融機構。清代實行白銀銅錢雙重貨幣體系，為免市面上銀多錢少影響銅錢幣值，清政府就曾經與每日收支銅錢的當舖合作，控制銅錢流通以穩定金融市場。

20 世紀初，隨著現代型銀行及其他金融機構的普及，當舖在金融業上的角色亦逐漸消減；同時，隨著社會經濟不斷進步。當押業救急紓困的功能亦愈見淡薄。以香港為例，儘管戰後幾十年當舖多如米舖，為社會作出重大貢獻，但近幾十年當押業卻日漸式微，風光不再；以往但見隔離鄰舍出入當舖如家常日用，今日已鮮見親友有光顧當舖者；仍然營業的當舖亦從大街的旺舖轉往小巷經營，繼續照顧社會上有此需求的小眾，包括在港工作的外傭。

儘管當押業發展大不如前，但當舖仍然在海內外華人社會發揮一定的作用，部分當舖更跟隨新時代的步伐轉型，從傳統的家族生意邁進現代的企業管理，為古老的當押業注入新的動力，探索新的方向。

本書的四位作者均為會計學的傑出學者，他們從當押業的歷史入手撰作專著，探討行業在經營、管治、可持續發展幾方面的情況；涉及的華人社會包括香港、澳門、台灣三地，以至中國內地和東南亞各國；本書兼顧古今中外，可謂當押業為題的研究中的代表作。

序三

黃福慶

澳門旅遊從業員協會名譽會長

我很榮幸為這本關於華人社區當押業與公司管治的書籍撰寫前言。當押業在我們中華文化的長河中具有悠久的歷史地位。它承載著我們祖先智慧的結晶，是經濟活動與社會聯繫的紐帶。當舖的經營者不僅僅是商人，更是社區的重要支柱，他們以專業的知識、公正和誠信贏得了人們的尊重和信任。當押業在華人社區中扮演著重要的角色，它不僅關乎經濟和財富，更涉及到人情世故、信任和社區精神。

華人社區中的當押業是一個獨特而引人入勝的領域。當舖作為社區不可或缺的一部分，承載著許多故事和情感。它們是我們生活中的夥伴，提供了急需的資金支持，同時也是交流、分享和扶助的場所。

而公司管治則是企業經營和管理的核心。在一個良好的公司管治體系下，企業能夠更好地運作和發展，實現經濟增長和社會責任。對於華人社區中的當押業來說，建立健全的公司管治機制將有助於提供更可靠和透明的服務，增加人們對當押業的信任。

在這本書中，作者深入研究華人社區當押業與公司管治之間的關係。我們可以從書中了解當押業的歷史淵源，探討它在現代社會中的演變和發展，分析公司管治對當押業的重要性，並分享一些成功的案例和最佳實踐。通過這些研究和討論，為華人社區中的當押業和企業管理提供有益的指導和啟示。

我衷心希望這本書能夠為您提供深入了解華人社區當押業和公司管治

的機會。無論您是對這個行業感興趣，還是希望在企業管治，特別是中小企業管治方面獲取更多知識，這本書都將為您提供寶貴的見解和思考。

最後，我要向所有為這本書付出辛勤努力的作者、研究者和貢獻者表示衷心的感謝。編著團隊的專業知識和研究成果使得這本書成為可能。同時，我也感謝您，親愛的讀者，因為您的閱讀將賦予這本書以深遠的意義。

祝願這本書能夠為華人社區當押業和企業管治領域的發展作出積極的貢獻，同時為您的學習和思考提供有益的啟示。

前言

當押業是華人社會最古老的行業之一，至今已有逾千年的歷史。作為金融業的雛形，當押業在社會經濟的歷史發展中發揮著重要的作用。應急解難，靈活便捷，成為過去人們選擇當舖作為主要融資渠道的原因。但隨著時代變遷，現代金融業、銀行業蓬勃發展，人們向銀行或其他金融機構貸款也越來越簡便，當押業開始漸漸式微。雖然昔日風光不再，但直到今日，當押業仍然沒有被完全取代，可見其在現代經濟社會中仍然發揮著特殊的功能。它在「小額、短期及快速」融資這個市場上，較其他融資機構有著獨特的優勢，仍然發揮著拾遺補缺的作用。目前在港澳地區約有 380 間當舖，在中國大陸、中國台灣及新加坡則分別有約 14,800 間、2,000 間及 200 多間當舖，大多為家族企業，但亦有上市公司及國營企業。另外，在其他東盟國家亦有不少由華人開設的當舖，例如馬來西亞及泰國。

在不同的華人社區，當押業雖然都是以物典當借貸來賺取利息的行業，但每個地區當押業的歷史及發展現狀都獨具特點。隨著當地經濟發展，當押業也要面對不同的挑戰及管治問題。本書深入探討及分析當押業在香港、澳門、台灣三地，和中國內地及新加坡的法律體制、發展狀況和經營特點，當前當押業面臨的重大問題，研究當押業在新經濟環境下進一步發展的機遇。此外，本書亦概括地敘述東盟其他九個國家的當押業現況。儘管各地都有些關於當押業的著作及研究，但尚欠一本專著綜合各個華人社區當押業的歷史、現況、法規、管治與持續發展，而本書則可將不同華人社會中的當押業一併呈現給讀者。

當押業作為一種傳統行業，過去一般多為家族式管理，或者只是一家人打理一間小當舖。但隨著時代的變遷，部分當舖已經開始企業化發展，甚至成為上市公司。傳統行業如何作出現代化轉變，當中又對社會經濟發展有何影響，值得我們探究。因此本書就當押業在華人社區的功能、當押業的法規、典當風險控制、典當人力資源培訓及會計與財務管理等重大議題上，進行深入的探討，歸納及總結當押業的管治問題。

自從受 2019 冠狀病毒疫情的影響，很多中小企業都面臨經營困難，尤其是資金周轉問題。雖然各地政府推出抗疫基金，但都不足以幫助企業解決融資困難等難題。在這非常時期，當押業或者可以是這些中小企業（尤其是一些微小店舖）解決短期資金周轉的渠道。

我們希望透過本書，讓社會各界更全面了解當押業 —— 這一門幾乎被遺忘的古老行業，在社會上扮演的重要角色，共同探討及推進當押業在新經濟環境中的可持續發展。本書可以讓當押業界的經營者更加了解當前的行業發展趨勢，面臨的問題與挑戰，同時可以借鑑其他華人社區的經驗，制定新的發展方向。對於微小企業經營者或社會基層市民來說，他們也可以透過本書，了解當地當舖這一融資渠道，幫助其解決短期資金周轉的問題。對政府監管機構及商務發展政策研究者，本書可有助其改進或制定關於當押業的政策及發展策略，促進當地當押業務健康發展。對各地有興趣投資當押業的人士，本書亦可作為重要的參考材料。另外亦可讓年青學生對當押業有更多的認識，學習其獨特的企業管治、現況及各地可互相借鏡之處，以及了解如何將傳統行業發展創新。因此本書亦可作為中學及大學通識科重要及有趣的參考材料。

陳冠雄、林振聘、巫麗蘭、黃慧儀

二〇二四年・春

鳴謝

鳴謝以下人士為籌備本書所提供的幫助，包括：

特別感謝香港聖方濟各大學研究助理任馨悅女士為本書中國澳門、中國台灣、新加坡及東盟國家部分的資料收集，研究及大量文件整理，亦提供部分歷史性的地標相片；

同時鳴謝前台灣大學教授董水量教授，台北安德信會計師事務所所長林陣蒼（Andy Lin）及前香港聖方濟各大學副教授潘淑貞博士為本書提供部分台灣當舖或地標之相片；

香港城市大學李蘭芝教授為本書提供部分東盟國家之相片；

黎木桂女士為本書提供部分澳門當舖之相片；

謝胤杰先生為本書提供中國內地當舖之相片；

武漢大學陳冬博士為本書提供武漢當舖相片；

溫州肯恩大學 Dr. Jahid Rahman 為本書提供溫州當舖相片；

新加坡南洋理工大學官玉燕博士為本書提供新加坡地標及當舖相片；

廖詠雪女士為本書提供部分泰國之相片；

Mr. Hyatt Chan 為本書提供部分香港當舖或地標之相片；

Mr. Chee-Leong Liew 為本書提供馬來西亞當舖之相片；

Ms. Lhucy Licco Darauay 為本書提供菲律賓當舖之相片。

目錄

第一章

華人社區的當押業

1. 什麼是當押？

當押業是華人社會最古老的行業之一。當押，又稱為典當、質當或抵押，是指以私人物品（一般是非不動產）作為抵押品，從典當行借得一定款項，並在約定期限內歸還該款項及付給典當行借款之利息，即可贖回抵押品。如抵押品未能在期限內被贖回，則歸典當行所有，典當行有權變賣套現。當押業可以算是金融業的原始模式，在漫漫的歷史長河裡，當押業在民用金融中起到至關重要的作用。

典當行一般也稱為當舖、押店，是以經營當押為業的公司或商號。歷史上該行業會按照資本額的多寡、經營範圍的大小、規定當期的長短和獲取利息的高低等，分為「典」、「當」、「按」、「押」四類。「典」的資本最大，當期最長，利息最低，可抵押金額亦較高；「當」、「按」次之；「押」則相反，經營規模最小，當期最短，但利息則最高。「典」這種模式在清朝末年已經消失，之後便剩下「當」、「按」、「押」三類。但隨著時代的變化，傳統的「當」與「按」也逐漸被淘汰，如今的典當行已沒有再細分。在港澳地區，典當行一般稱為「押店」，在中國內地稱作「典當」，中國台灣、新加坡及東盟地區則一般稱為「當舖」。當押流程則大致相若。

各地典當行外貌

香港

澳門

中國內地

台灣

新加坡

東盟國家

2. 當押業的起源

2.1 古代

典當，古時稱「質」，最早可追溯到周朝。民國時期中國聯合準備銀行著《北京典當業之概況》一書便考證了周朝的典當行為。[1] 劉秋根《中國典當制度史》稱：「私人典當業從其業務形式來看，漢代時期便已經產生了，但是有關典當活動的零散文字，只能認作隨機性的行為，可視為產生典當業的萌芽。」20 世紀 90 年代出版的《美國百科全書》說：「典當業歷史悠久，在中國可追溯到 3,000 多年前。」《大英百科全書》則認為：「典當業在中國二三千年前即已存在。」綜合各方所言，典當在中國發端於西周初期至西漢末期。

春秋戰國時期，諸侯割據，戰亂不斷。鑑於生產力低下，物資匱乏，軍事和外交活動中的協議要具有約束力，以人作押是最有效力的形式。如《左傳．哀公八年》魯國要以吳國王子為人質，「吳人許之，以王子姑曹當之而後止」，其中的「當」即抵押之意。此外，仍有包括「秦昭王之子質於趙」，「燕太子質於秦」等史實作為輔證。這種質押行為可視為典當的

1 《北京典當業之概況》：「周禮地官質人，掌稽市之書契，大市以質，小市以劑。孫詒讓周禮正義，引惠士奇曰，質人，賣僨人民用長券，謂之質。王褒僮約，石崇奴券，古之質歟，質許贖，魯人有贖臣妾於諸侯者，而逋逃之臣妾，皆得歸其主焉，有主來識認，驗其質而歸之。」

早期萌芽。在此之後，隨著社會生產力的發展，才逐漸從「以人為質」發展到「以物為質」。

漢朝時期，貨幣開始廣泛成為社會商品生產及交換的等價物。隨著社會經濟的發展，對貨幣的需求日益提高，民間的借貸活動屢見不鮮。據《史記 · 貨殖列傳》記載，吳楚七國起兵反叛漢朝廷時，長安城的列侯封君需借貸出征。但高利貸者認為那些封侯的食邑國在關東，而關東的戰事勝負未分，沒有人願意把錢貸給他們。只有無鹽氏拿出千金放貸給他們，其利息為本錢的 10 倍。3 個月後，吳楚被平定。無鹽氏得到 10 倍於本金，亦因此致富。另外，根據《漢書 · 貢禹傳》描述，很多百姓因私自鑄錢而被判刑，而富貴人家則錢幣積聚滿室，更使用各種手段，每年獲取十分之二的利潤，卻不用納稅。由此可見，兩漢時期，私人借貸現象非常普遍，「以物質錢」的典當行為亦開始萌芽。

2.2 南北朝與唐宋年代

南北朝時期，佛教在中國有了長足的發展，更因當時朝廷尚佛，使佛教大興。「興佛」帶來了寺廟香火旺盛，財源不斷提高，帶動了寺廟經濟的空前發展。寺院參照結合佛教「無盡財」的理念，將寺庫中剩餘的財物借出濟貧，「以息還息」，轉手賺錢，用來侍奉佛祖如此周而復始，既能形成利息，積累財富，又是濟貧濟困的慈善行為，於是有了最早的典當相關機構 —— 佛寺質庫。典當行為的產生和典當機構的出現，標誌著中國典當業正式從社會其他行業中分離出來。

唐朝是中國歷史上政治經濟文化發展的一個鼎盛期，當時社會穩定，政治清明，生產力得到巨大發展。隨著時間的推移和社會經濟的進步，典當業已從單一的寺庫借貸形式，逐漸發展為官營、民營、寺營三種借貸形式並存的繁榮局面。典當的稱謂也有很多，有的叫「質庫」，有的叫「櫃坊」又稱「僦櫃」，有的叫「質舍」、「寄附鋪」。雖然名稱各異，但都從事質錢業務。

宋朝時期，典當業隨著當時都市商業經濟繁榮日益發達。典當基本性質與唐代大體相同，仍是官當、私當、寺庫當三者並營格局。宋代時對典當稱謂更加繁多，如北方人稱以物質錢為「解庫」，江南人則叫「質庫」，寺院又叫「長生庫」、「普惠庫」，日久便衍生出一些富有新意的名稱，如「解典庫」、「典庫」、「抵當庫」等，稱呼中開始分別出現「典」和「當」兩字。而此時正是中國歷史上最早冠以「典當」二字對整個行業予以稱呼的開始。

2.3 明、清與民初年代

明朝時期，鑑於太祖朱元璋（1328-1398）厭惡寺廟，為鞏固統治，不斷限制和打擊佛教，致使寺廟經濟驟然衰落，寺廟典當基本絕跡。又因朱元璋極其憎恨貪官污吏和對農民盤剝，使官營典當在明朝也銷聲匿跡。在這一時期，民辦當舖中又以服務商人的當舖最為發達。特別是隨著商品經濟的大力發展，社會中出現了一批商人，並形成了財力雄厚的商人集團，也稱為商幫。例如著名的徽商、晉商、陝西商、閩商、粵商等等。與此同時，隨著當押業的興旺，政府收取當稅，以增加稅種及擴大稅源。這也側面反映了當時當押業的迅速發展。

清朝時期，典當業繁榮昌盛，甚至走進了宮廷。由於利潤巨大，許多皇室貴族和官府官員紛紛投資典當業，湧現了一大批「皇當」和「官當」。此外，典當行業的成熟度也不斷提高，專業化趨勢明顯，管理水平得以大幅提升，產生了《典業須知錄》等完整和全面的內部管理文件。據史書記載，清乾隆年間（1736-1796），全國當舖共 18,075 間，僅「京城內外，官民大小當舖六、七百座」，年收典稅 9 萬兩白銀。嘉慶年間（1796-1820），全國當舖發展到23,139間，每年上繳朝廷稅銀達11萬5,000兩。由此可見當時中國典當業極盛之至。[2]

清代由於民當、官當、皇當三者並存，且空前發達，因而成為中國典當業最為繁榮興旺的朝代。清代當舖的業務範圍也日益擴大。自清中葉起，各類當舖多如牛毛，相互競爭十分激烈之下，當舖這專以質押放款的傳統業務，每舖平均成交額出現下降的趨勢，特別為一些大當舖，存有資本淤積、貨幣閒置的問題。典當行業的經營範圍因此向其他領域延伸，包括房地產、囤糧等，此舉增加了流動資金，使市場能發揮更大的效果。當舖事實上成為了兼收地租、房租和從事售糧、放款等經濟活動的綜合經營場所。可到了清末民初，中國當舖業卻開始不斷衰落。尤其是20世紀30年代，全國僅有4,500間當舖，相比於乾隆、嘉慶時期，分別銳減了70%和80%。由於這一時期軍閥混戰，政權更迭頻繁，經濟方面貨幣混亂，賦稅過高，典當業的生存環境十分惡劣。此外，西方現代金融機構也在這一時期逐漸滲透，包括借貸所、合作社、銀行等，與中國現有的錢莊、票號、票局等一起對傳統的典當業產生了巨大衝擊。在激烈的競爭中，傳統的典當業未能及時轉變經營理念，適應社會進步，因此虧損嚴重，經營狀況不佳。

中國新政權建立後，1956年左右，隨著所謂公私合營改造的基本完成，典當業作為一種所謂高利貸剝削行業，與妓院、賭場陸續被取締，被定為剝削制度殘渣餘孽後，在中國開始進入歷史消亡期。直至20世紀80年代末，中國開始改革經濟體制，重新對外開放，典當業才開始重生，但同時也經歷了整頓改革等諸多調整。

2　常夢渠、錢椿濤主編：《近代中國典當業》，北京：中國文史出版社，1996年。

3. 當押業與中華文化

3.1 面子與習俗

華人社會講究面子，無論是中小企業或是一般民眾，皆不希望自己需要資金周轉的問題曝光。當舖的營業地點通常比較隱蔽，較少人出入，從店外也不易看到店內的情形，因此可以滿足部分人隱瞞自己的借貸行為。尤其當借貸人無力贖回抵押品的時候，根據典當行業規定，抵押品流當後歸當舖所有，即使有虧損，當舖也不可向借款人追討。這有別於正式金融機構如銀行以抵押品借款，如借款人無力還款，抵押品將公開拍賣，且拍賣後仍不足以還款，銀行可向借貸人追討剩餘款項。

傳統的當舖在進入大門後都有一塊巨大的「遮羞板」，避免外人看到當舖內的情況，從而減少來當物客人的尷尬。繞過「遮羞板」，便是高高的當舖櫃檯，這樣的設計據說能打消顧客敝帚自珍的信心，同時客人也聽不到櫃檯後朝奉議價時的內容。櫃檯上放著各種工具：試金石、放大鏡、桿秤等，用來為收到的典當物鑑定和出價。櫃檯的後面便是職員處理收當的賬房，一般人是難以進入的，但當有一些貴賓來到，朝奉便會在賬房接待貴賓。

港澳地區的當舖還有一個有趣的舊習俗，就是「當嬰兒」（又稱「當蘇蝦」或「當人仔」）。與古時的人質不同，父母當嬰兒並非為家中缺錢應急，而是害怕嬰兒長不大，故給當舖「當旺—當完就旺」的一種祈福

香港泰昌大押內外景觀

儀式，以保嬰兒平安。嬰兒的父母先與當舖聯繫，擇好吉日，屆時抱嬰兒到當舖。父母將嬰兒從當舖櫃檯左邊窗口送入，由朝奉接住，再送到店主神檯祈福，然後在四方紅紙的「假當票」上寫上「根基長樣，快高長大」八個字，在紅紙上再蓋上「掛角印」，在嬰兒的衣衫上也蓋上印，由朝奉將嬰兒從右邊窗口交還給父母。最後父母給朝奉送上紅封包作為贖回嬰兒的代價。整個「一當一贖」過程便告完成。[3]「掛角印」又稱騎縫章，是供典當業作核對用途，典當時一部分會蓋在當票上，而另一部分則蓋在票簿上。當客人來贖回當物時會歸還當票，朝奉拿印在當票與票簿上的各一部分印一拼，將騎縫章還原成原章，以鑑別真偽。

3　小德：〈鹹趣濠江：典當蘇蝦仔〉，《東方日報》，2014 年 3 月 9 日。網址：https://orientaldaily.on.cc/cnt/adult/20140309/mobile/odn-20140309-0309_00290_006.html

3.2 歷史故事與民間典故

在歷史上，典當業與中華文化的關係源遠流長，所以描寫當時社會境況的名著也多處出現典當活動的情節。例如《西京雜記．第二》中描述：司馬相如曾把袍子拿到集市上陽昌家裡去賒酒，有了錢以後再去把它贖回來。《醒世恆言．鄭節使立功神臂弓》描寫東京汴梁城開封府，有個家財萬貫的財主員外張俊卿，家中有赤金白銀、斑點玳瑁、珍珠、犀牛角、大象牙。他在家門一邊開個金銀舖，另一邊開了所質庫（即當舖），可見當時的大財主都從事典當行業。

《紅樓夢》中的四大家族之一薛家便有經營當舖「恆舒典」，書中描寫薛家未過門的媳婦岫煙出身貧寒，曾經因為手頭拮据「悄悄的」到當舖將棉衣典當，後來薛寶釵知道了就為她「悄悄的取」，「悄悄的送」回棉衣，無不反映傳統中國人維護家族體面，只能偷偷地進行典當，不願他人知道的情形。除了經濟地位低下不時需要典當換錢的丫頭，即使像王熙鳳這樣的富貴人家也會有利用到當舖的時候。小說中有寫王熙鳳曾讓丫頭把金項圈典當 200 銀子以應付禮金等開銷。另有一處描寫林黛玉雖然知道姨媽薛家開有當舖，但見到當票卻不認得，以為廢紙一張，可見當票上的文字也有獨特的書寫風格，包括專用字，防偽造、修改功能，所以就算通曉文墨，一般人也不一定能辨識。曹雪芹（1710-1765）將典當活動穿插在小說情節中，不難想像清代初年的典當業十分普及，與社會經濟生活有著密切的聯繫。

中國現代作家葉聖陶（1894-1988）創作小說的態度，喜歡如實地反映當時的社會實況。他是五四運動首個新文學社團文學研究會的創立人之一。在他的短篇小說〈窮愁〉有這樣描述：「吾今已弗能視，然知此衣色澤，當無殊其朔，持付質庫，二銀元諒可易。」故事講述主角阿松被警察當作賭徒捉去。鄰居金榮得到消息，回去告訴阿松的媽媽，可憐的老人只能悲哭。鄰居潘嫗一邊照顧她，一邊請金榮去奔走探監。後來聞得用兩塊銀元可以保出，但此時哪來的兩塊銀元？無奈，老人只好拿出丈夫生前買下的一件新的藍綢襖，那是丈夫準備夫妻倆死後穿的，亡夫的那一件早已陪葬了，她唯有拿自己的這一件去當了兩塊銀元來救兒子。

除了小說及其他文學作品中有不少描述當時社會的典當情況，六七十年代的粵語片亦有不少關於當舖的情節。例如在電影《黃飛鴻獨臂鬥五龍》中講述一賣唱姑娘綺湘的弟弟給人綁架了，勒索 400 元贖金。綺湘為救弟弟，拿了自己的首飾及衣服去當舖當了 400 元。

另外在 2011 年製作的香港電視劇《當旺爸爸》中也展示了現代社會中當舖的情況。劇中主人公當舖老闆高義文經營「德廣大押」，附近街坊有時因沒有錢買奶粉而向德廣大押典當日用品，或需要籌醫藥費而當金鏈，高義文都會盡量為他們提供最好的典當價錢。往年有當必贖的老顧客突然沒有來贖回物品，高義文亦不會立即斷當，而會替其先行保管，再親自找客人確認。另一情節講述一不肖子，準備拿母親留下的手錶去典當，然後去澳門賭一把。其父親跑去當舖，苦苦哀求他不要當。高義文見此情景，便故意說手錶是假的，無法典當，寧願不接生意也幫助老街坊。可見典當業在不同年代都為當時的社會提供「救急扶危」或「特殊需要」的融資渠道，與基層社會關係至為密切。

第二章

當押業在華人社區各地的發展歷史及重要性

1. 香港當押業的發展歷史及重要性

1.1 香港當押業的發展歷史

根據清代的《廣東通志》、《新安縣志》記載，香港於道光元年（1821年）有 16 間當舖。依照《香港碑銘彙編》記錄，位於新界元朗舊墟長盛街 72 號的「晉源押」為香港現存最古老的當舖。「晉源押」由已故元朗鄉紳鄧佩瓊的父親鄧廉明創立，至今已有 200 餘年歷史，早已不再營業，現被古物古蹟辦事處列為一級歷史建築。「晉源押」樓高兩層，用麻石作基層，以青磚建造，採用「趟櫳」式大門，即橫向開合的柵欄式拉門，是典型當舖多用的「防盜門」。屋後則是用作貨倉保存典當物品。門額書有「晉源押」三字，但從前兩側掛上「晉饒萬寶，源滙百川」的對聯則不知所終。屋簷鑲有雕花瓷器，保留著古色古香的建築原貌。原本在門前懸掛呈「蝙蝠在上，金錢在下」形狀（寓意「福在眼前」）、寫有「晉源押」的葫蘆形招牌已除下。香港歷史博物館的「香港故事」常設展有展區是仿照「晉源押」作陳設。儘管當舖不再經營，原業主仍不時打開「晉源押」讓市民入內參觀。但自原業主數年前離世後，「晉源押」已經沒有再開放。

香港開埠初期，經營當舖並無規定要領取牌照。1853 年，當押業因經常被警察騷擾而第一次罷市。1858 年，西營盤「富輝押」因接受當戶的一隻賊贓陀錶作抵押，老闆秦阿昌被判充軍 14 年（充軍刑於 1911 年始廢止）；當年華人認為這是歧視華人的判例，發起簽名蓋章運動，由於群情洶湧，撫華道（華民政務司的前身）高和爾（Daniel Richard Francis Caldwell, 1816-1875）出面調停，香港總督寶靈爵士（Sir John Bowring, 1792-1872）遂下令改判兩年徒刑。同年當押商又因牌照費太高而罷業。[1] 香港政府亦於 1858 年頒佈防止與股票、銷售、以及存款有關罪案的法例，當押業亦納入規管之內。[2]

後來有當舖牟取暴利，收取驚人利息，加上不法之徒透過當舖清洗賊贓，所以香港政府為加強規管，於 1860 年首次頒佈典當條例，[3,4] 當押業變成一門專門生意，須領正牌及接受當押業條例規管。1930 年香港政府第

1 荷李活道舊當押舖，香港記憶，網址：https://www.hkmemory.hk/MHK/collections/kong_kai_ming/All_Items/Images/201106/t20110614_38709_cht.html
2 An Ordinance for the Prevention of Offences Touching Securities, Sales, and Deposits. https://oelawhk.lib.hku.hk/archive/files/11ede9726b2afddeb554e4e3ac014312.pdf
3 港九押業商會有限公司，網址：http://www.pawn.com.hk/?mod=site_pawn_assoc_index
4 Pawnbrokers Ordinance, Ordinance No. 3 of 1860, 16 April 1860. https://oelawhk.lib.hku.hk/items/show/143

位於新界元朗舊墟長盛街 72 號的晉源押

位於香港歷史博物館的「香港故事」常設展的晉源押

一次修訂《當押商條例》。[5]

1932 年 6 月 1 日，香港政府大幅提高當舖的牌費，令大部分當舖出現財政困難，典當業出現倒閉潮。當舖學徒出身的商人李右泉（1861-1940）獨力注資收購這些當舖，令其一度擁有香港逾八成的當舖，因此當時被稱為「當舖大王」。

直到日本入侵中國，1938 年廣州淪陷，大批難民湧入香港，1941 年日本侵略香港，當舖近乎銷聲匿跡。隨著第二次世界大戰結束，人們生活普遍艱苦，隨後中國內地國共內戰爆發，大量難民再次湧入香港，社會面臨沉重壓力，市民生活水平低，或因此令當押業開始蓬勃發展。當時典當物品一般都是毛毯、舊衣服、棉被等等。港九押業商會有限公司（「港九押業商會」）亦於 1947 年成立，會址於當年大道西 153 號 4 樓，最初只

5　Pawnbrokers Ordinance, Ordinance No. 16 of 1930, 17 October 1930. https://oelawhk.lib.hku.hk/items/show/1620

有 11 個會員。1952 年，商會透過舉辦公益義會籌集資金，於駱克道 499 至 501 號 2 樓開設新會所，同年成立福利事務籌備委員會，專責處理會員事務及福利，更開設中西醫外科跌打診所，贈醫施藥，惠澤社群。[6] 商會現今全港有 170 餘名會員，約 180 多間當舖；其中港島佔 40 間，九龍佔 90 間，新界則有 56 間。[7]

自第二次世界大戰結束，到 1967 年東南亞國家協會（東協）成立，很多東南亞國家在這段期間爭取獨立，時局混亂，大量資金轉移香港。可惜當時香港銀行體系發展尚未健全，資金湧入令香港樓市股市成交額屢創新高，銀行對地產商過分放貸。1965 年 1 月 23 日，明德銀號發出約值 700 萬港元的美元支票遭拒付，發生擠提。不到兩星期，廣東信託商業銀行亦出現擠提，兩天後波及恒生銀行、廣安銀行、道亨銀行、永隆銀行、遠東銀行等華資銀行，最後廣東信託銀行宣佈破產。1967 年暴動，由最初的工人運動、演變成炸彈襲擊行動，期間造成嚴重經濟損失，使香港的經濟活動幾乎停頓，再加上物價飆升，部分市民只能選擇到當舖典當，以應付日常開支。

20 世紀 70 年代初，香港政局比較穩定，製衣、紡織、塑膠、玩具、電子、鐘錶等工業發展迅速；輕工業投資較少，小型企業佔多數。另外香港成為國際知名轉口港，物流運輸及旅遊業等亦迅速發展。市民生活大為改善，為奢侈品市場帶來強勁購買力，生活質素提高亦令典當需求大幅下降。1972 年股民排隊認購新股，恒生指數由 1 月 27 日的 323 點升至 12 月 29 日的 843 點，1973 年 3 月更達至 1,775 點。換言之，在該年頭 47 個交易日內，恒指升幅超過 110%，更有股民辭工全職炒股。香港政府為壓抑不斷膨脹的股市泡沫，自 1 月起提醒市民股票市場已經過熱，禁止公務

6 港九押業商會有限公司，網址：http://www.pawn.com.hk/
7 當押歷史，港九押業商會有限公司，網址：http://www.pawn.com.hk/?mod=site_pawn_assoc_history

員利用辦公室電話或到交易所炒買股票，亦禁止交易所在星期一、三、五下午交易，並出動消防員以《消防條例》禁止股民進入華人行買賣股票，銀行業監理處也指示香港銀行嚴格限制股票貸款。可惜 3 月出現偽造合和股票事件，股民擔心手中持有假股票，遂恐慌性拋售。到 1973 年 8 月，警方破獲了幾宗大型偽造股票案件，股民對市場的信心更為不足。10 月時，第四次中東戰爭爆發，石油輸出國組織（OPEC）對以色列實施石油禁運，成員國每月減產石油，使美國股市暴跌，全球陷入經濟蕭條，年底時恒生指數回落至 433 點。很多人短時間內由「魚翅撈飯」變成傾家蕩產、神經失常、甚至跳樓自殺。此時，市民又選擇到當舖典當應急，不過，這時典當物品的種類就與以往不同，典當品包括在經濟繁榮時所購買的奢侈品，有黃金首飾、珠寶翡翠等等，典當物品的質素大為提升。

到 80 年代，香港已經成為亞洲四小龍之一，市民普遍較過往富裕。製衣、玩具、塑膠花、鐘錶、電子等勞動密集型工業興旺，唯 80 年代初香港的地價和工資不斷上漲，廠家面臨經營成本增加的壓力。適逢中國政府改革開放，深圳、珠海、汕頭及廈門 4 個城市於 1980 年成為首批經濟特區，給予外商優惠的稅收和關稅政策，鼓勵港商設廠，不少廠商將生產線北移。1982 年 9 月 22 日，時任英國首相戴卓爾夫人訪華，就香港前途問題與鄧小平展開會談，會談陷入僵局，香港股市隨之急挫，至 12 月 2 日更低見 676 點，較 1981 年高位下瀉超過 60%。1987 年 10 月 16 日，美國紐約股市一天下跌 5%，香港恒生指數在隨後的星期一下跌 420 點，超過 10%，各月份期指均跌停板。香港股市暴跌影響亞太地區股市全面下瀉，美國道瓊斯工業平均指數大跌 508 點，超過 20%；歷史上稱之為「黑色星期一」。翌日清晨，由於需要清理大量未完成的交收，香港 10 月 26 日重新開市後全日下跌 33.3%，是全球有史以來最大單日的跌幅；10 月全月下跌 45.8%。突然爆發的股價暴跌，徹底打擊了投資者的信心，造成社會經濟巨大的動盪，也掀起了市民的典當潮。市民在經濟繁榮時期購置的珠寶、金飾，以及「大哥大」電話等，都成為在當押店經常出現的典當物。

隨著1991年波斯灣戰爭結束，消費者與投資者把視線重新轉移到經濟前景及企業利潤上。香港股票市場於1995至1997年時曾掀起紅籌熱潮，股份熱炒注資重組概念，1997年8月港股更創下歷史新高。10月下旬，國際炒家狙擊香港聯繫匯率制度，拆息一度高企，港股急挫。1998年8月初，國際炒家趁美國股市動盪、日圓匯率持續下跌，對港匯再次發動進攻，恒生指數跌至6,600多點。財政司司長為遏止市場操控行為，行使《外匯基金條例》賦予的權力，指示金融管理局動用外匯基金，在股票和期貨市場採取相應行動。然而失業及負資產問題嚴重，市民除了典當珠寶、黃金、現代化電子產品外，也有人典當樓宇及汽車。

在20世紀末，企業大量招聘人手及增加開支，以應對Y2K千年蟲問題。跨入21世紀，環球科網泡沫令網際網絡及資訊科技相關的企業股價急速上升，不少科網公司申請上市，投機者紛紛向科網板塊炒作。當企業順利過渡至千禧年，相關的工種及開支便大大削減，有關科技行業股票的價值亦大幅度下降。市場過度瘋炒，科網股泡沫終於爆破。美國在2001年9月11日受到嚴重恐怖襲擊，紐約金融市場停市4日；儘管港元及美元即時支付結算系統和香港的其他結算及支付系統如常運作，但投資者信心大受打擊。2003年3月香港爆發嚴重急性呼吸系統綜合症（SARS，音譯為「沙士」），造成1,755人染疫，299人死亡。隨著疫情不斷擴散，世界衞生組織對香港發出旅遊警告，旅遊業一片低迷，重創香港經濟，百業蕭條，失業率上升。為挽救經濟，時任行政長官董建華與北京當局商討自由行及《內地與香港關於建立更緊密經貿關係的安排》（CEPA計劃）；第一期自由行於同年7月28日實施，容許廣東省的東莞、佛山、中山、江門四市的居民前來香港，以振興香港經濟。而CEPA主要是允許香港原產貨品零關稅進入內地市場，與及為香港18種服務行業提供了進入內地市場的自由。按照第一階段的協定，於2004年1月1日起，273種從香港出口到內地的商品享受零關稅待遇。受惠於自由行以及CEPA等政策，香港經濟從沙士重創之中復甦。2008年9月15日，美國第四大投資銀行

樓高 4 層的
振安大押

雷曼兄弟控股公司由於投資失利，在美國申請破產保護，為美國史上規模最大的投資銀行破產案，美國財政部和聯儲局拒絕出手拯救，市場信心崩潰，引發全球金融海嘯。雷曼兄弟作為信貸掛鈎票據「迷你債券」發行人的實際運作者，自 2002 年起透過不少銀行向香港投資者銷售「迷你債券」，到 2008 年，香港為全球最大「迷你債券」發行量的地區，雷曼兄弟破產令香港數以萬計投資者蒙受巨大損失，身家一夜間蒸發。經濟起伏，讓市民在困難時典當於經濟繁榮時購買的奢侈品。

踏入 2010 年代，香港走出金融海嘯，經濟有所增長，可是持續通漲、樓價高企、社會貧富懸殊加劇，對年青人的發展及向上流的機會形成不少困難和阻力。連串騷亂、社會運動，特別是 2019 年多區出現示威抗議行動及衝突事件，美國等 31 個國家對香港發出或提高旅遊警示等級警示，旅客數字下降，酒店業入住率暴跌。2020 年 1 月香港首次出現 2019 冠狀病毒病確診個案，之後陸續發生數次多人受感染的疫情，疫情於 2022 年農曆新年後進一步惡化，香港經濟第一季度陷入負增長，失業人數急升，甚至有人三餐不繼，媒體報道多名市民在美食廣場爭食「二手飯」，[8] 疫情導致民生凋敝，經濟受到嚴重打擊，基層市民生活堪憂。市民失業，無法向銀行及金融機構借貸，需要應急錢，大多只能轉向當舖尋求周轉出路。

根據港九押業商會分析，以往人們生活水平低，拿來典當的除珠寶、金飾、手錶外，大多是日常用品如衣服、棉被、皮鞋、雨傘等，也有大小型家庭電器如雪櫃、電視機、電飯煲、收／錄音機及縫紉機，只要是有市場價值的物品也會被拿去典當。由於需要地方存放大型典當物品，所以舊式的當舖大多是三四層樓高。隨著經濟的發展，市民生活質素提升，社會普遍富庶起來，人們現今所典當的物品和昔日已不大相同。舊衣服、舊家電等已再沒有市場價值，現時的典當物品主要是貴重的黃金首飾、寶石、名牌手錶、名筆與及新穎的電子產品如電腦和手提電話等等。在特別允許的情況下，郵票也可以成為典當品；一個堅固的大型夾萬已可以存放所有當物，故此迷你型的當舖也應運而生。根據香港警務處提供的資料，截至 2022 年 12 月 31 日，香港獲發牌的當舖有 198 間。

1.2 當押業在香港的重要性

典當業歷史悠久，是一種古老而歷久不衰的行業。無論在何種經濟環境下，人們的融資需求始終存在。雖然當舖面對銀行、財務公司、私人貸款、信用卡透支等多方面的競爭，然而當遇上金融危機爆發，經濟倒退的時候，銀行等金融機構也會同樣遇到資金周轉困難，同時市民及投資者手上的股票也可能因價格大幅下跌而被套牢。就算向銀行及財務公司貸款，假若企業或市民信譽條件欠佳，頗難成功；對於那些貸款風險高、經

8 〈百業打殘　搵工艱難　後生仔爭食二手飯〉，《東方日報》，2022 年 3 月 27 日。

濟效益差的公司，要獲得融資就更為困難。由於無法向金融機構周轉，為應付日常開支，市民仍會選擇典當以解燃眉之急。加上當舖為有需要「應急錢」的朋友提供快捷方便、固定合理利息、私隱度高的服務，典當人亦可於限期內隨時贖回典當物，過期不贖的物品也不會被人追數，故此大眾仍然會利用當舖，作為特殊應急的融資渠道。

2. 澳門當押業的發展歷史及重要性

2.1 澳門當押業的發展歷史

澳門當押業有記載的歷史可以追溯到清朝乾隆時期，並在鴉片戰爭後迅速發展，規模及數量都有所增加。鴉片戰爭後，香港開埠並成為主要的

外貿港口，原先澳門正當的外貿逐漸衰落，但是「嫖、賭、吹」等特殊行業盛行。這時澳門當舖的光顧對象很多都是賭徒、煙鬼（鴉片煙成癮者）及嫖客，而當舖也會開設在賭館、煙館及妓院的周圍。由此可見，澳門當押業從早期開始已經同博彩業等偏門行業息息相關。

光緒二十九年（1903 年），當時的葡萄牙政府頒佈《澳門市當按押等舖章程》以規範典當業的經營。內容包括：設立、開辦當按押等舖各事例，查驗當按押等舖各事例，當按押應遵各事例及權利，定奪爭論各事件，罰款等。[9]《澳門市當按押等舖章程》是澳門歷史上第一份關於當押業的正式立法文件，但這份章程作為法律文件，卻沒有明確規定當舖可收的利息。除了規管當押業的經營，對澳葡政府來說，更重要的是增加對當押業的徵稅。其中，當舖分為兩等：第一等為大當舖，第二等為小當舖。每間大當舖，每年須納生意公鈔銀 240 澳門幣；每間小當舖，每年須納生意公鈔銀 300 澳門幣。小當舖即「押」雖然規模小，可收的利息最高，所以交稅就比大當舖要得多。

當時的澳門當舖按規模及當期分為「當」、「按」和「押」3 種經營模式。「當」的規模最大，當期最長（可長達 3 年），利息最低；「按」次之，當期一般為兩年；最後「押」的規模最小，當期最短，利息最高。雖然「當」的財力資金雄厚，能當押大宗貨物與貴重飾物，以提高當值，放寬當期，降低利息等方法取勝，這是小當舖無法匹敵的。然而，典當業的經營，亦講求資金能否靈活周轉。取贖限期的長短，與當舖資金的周轉有很大的關係，當期短，周轉快，才能易於贏利。隨著時代慢慢改變，人們漸漸不再需要到按期最長的「當」舖中抵押物品，而且「當」的模式不能靈活應對時局的快速發展。加上所當物品的價值變化快，資金周轉不靈，以致經常出現虧本的情況。因此「當」這種模式最先消失，之後便只有「按」

9 《澳門政府憲報》，1904 年 1 月 9 日第 2 號。

德成按

和「押」了。

1911 年之後，民國初期內地時局動盪，加上廣東禁賭，澳門的博彩業更加繁榮起來。1917 年澳門富商、賭王高可寧（1878-1955）在澳門開設當時最大的當舖「德成按」。「德成按」是一棟典型廣東騎樓風格的 3 層建築，當舖由當樓和貨樓兩部分構成，當樓建在街角，方便客人從正面進入並從側門離開，這樣可以避免客人被親友看見而感到難為情。而貨樓就在當樓的後面，方便儲物。[10]「德成按」的貨樓共有 7 層，高 22 米，從偌大的儲物空間可以看出當時典當物品極多。據說高可寧將自己名下當舖的貴重物品都存放在這裡。建築物的另外一邊開設的商店，則是用來出售流當的物品。這棟百年建築已於 2000 年改建為澳門典當業展示館，通過一系列歷史圖片、格局、裝飾和 40 多件典當記錄工具等，將傳統典當業的風貌展示出來。除了「德成按」，高可寧也在粵港澳開設多間當舖，故有

10 趙利峰：《樂善好施：高可寧與德成按》，澳門：澳門特別行政區政府文化局，2020 年。

「典當業大王」之稱，可見當時典當業的興旺。

抗日戰爭爆發後，為了逃避戰火，中國內地大量民眾逃離到港澳。其後香港也淪陷，更多人湧入澳門，令澳門人口突然暴增。由於物資匱乏，物價飛漲，不少民眾不得不典當家中或逃難時攜帶的物品，以換取資金。當舖為不少人解決了燃眉之急。由於典當需求大，這一時期的澳門典當業進入了全盛時期。

當時的典當物大多是衣服和各類生活用品。在處理流當物方面，當舖與故衣店（二手商品店）有著密切的關係，流當品會直接賣給故衣店。故衣店售賣的二手商品種類多，價錢便宜，受低收入市民歡迎。因此當舖也不需擔心流當物品的積壓。同時由於以往的當舖比一般家中保管嚴密，很多富貴人家喜歡將貴重物品當給當舖，支付利息實際是作為保管費用，與今日的銀行保險箱有類似的作用。在資金運用方面，當舖也可吸收外來資金存款。當時銀行並不普及，且當舖業務穩定向好，所以人們也願意把額外的資金存入當舖來獲取利息。當舖也能夠充分利用這些資金來發展自身業務。

隨著二戰的結束，澳門人口急劇減少，對典當的需求也漸漸減少。澳門的經濟陷入低迷，雖然越來越少人到「按」店典當物品，但「嫖、賭、吹」等行業仍然存在，「押」店也漸漸多了起來。這時典當業之間競爭激烈，為求生存，「按」店不得不順應時勢發展需要而改變，縮短當期，由兩年改為一年，之後再改為 6 個月，逐漸向「押」店的模式靠攏。除了當時社會因素對典當業的影響，博彩業的興盛更加劇了澳門當舖的轉變。

1961 年，根據澳門政府的建議，葡萄牙政府海外部正式頒佈了法令，定澳門為旅遊區，准許澳門開設賭博為娛樂，並強調賭博娛樂對澳門經濟發展的作用。[11] 澳門作為世界上少數賭博合法的地區，自然吸引了不少

11 澳門典當業，網址：https://www.macaudata.com/macaubook/book108/html/002301.htm

澳門博彩業的發展帶動了當舖的轉變

來自香港及世界各地的賭客。1964 年，船運公司引進了高速水翼船，令原本由香港到澳門需時大約 4 小時的船程大大縮短至 1 小時 15 分，讓香港人及經過香港的旅客更方便地來往澳門，賭博業也越來越興旺。這些外地賭客輸了錢，有的甚至連回程的旅費都沒有了，自然要到當舖抵押隨身值錢的物品；這些物品包括首飾、手錶、打火機、金筆，甚至名貴的皮帶也拿來換成現金繼續到賭場「搏殺」。由此在賭場周圍的小型押店，因提供短期高價的借款方式而迅速發展起來，店舖也越開越多。

與這些「押店」相比，以一般民眾為主要客源的傳統「按店」的生意自然有所不及。70 年代開始，澳門經濟因為博彩業、旅遊業迅速發展，再加上現代金融體系的興起，銀行及信用卡的普及，一般民眾已經不再需要到按店借款。傳統當舖開始相繼結業，到 1982 年底，全澳大按只有兩間，而小押則因為賭業的繁盛而有增無減，同年，押店就接近 20 間。曾經首屈一指的大當舖「德成按」也於 1993 年結業，成為澳門最後一間結業的舊式當舖，「按」的消失也標誌著澳門典當業歷史上一個時代的終結。

2002 年賭權開放，澳門的賭場規模進一步擴大，2003 年內地自由

澳門賭場周圍的押店

行開放，來澳門的賭客、遊客隨之快速增長。賭場周圍的押店更加因此得益，數量倍增，不僅經營抵押借款，同時也開始經營以遊客為主要對象，以名錶金飾等為貨品的零售生意。

2.2 當押業在澳門的重要性

典當業作為一種融資通道，一直以來都為民眾解決燃眉之急上發揮著重要作用。過去，當舖是貧苦大眾及工商業者換取金錢融資的主要場所，現今社會仍然有不少人選擇到當舖借款。現在銀行雖然是最為普遍的融資管道，但銀行對借貸人有信用要求，以及銀行借貸在手續、時間、額度等方面也有限制，這令一些中小企業和一些民眾難以從銀行獲得融資，因此當舖便成了另一種融資管道的選擇。因為當舖借款不在於借貸人的信用，而是抵押物品的價值，所以只要有可抵押的物品，就可快速在當舖獲得資金。雖然銀行也接受抵押品借款，但像黃金、鑽石、手錶等小型

在賭場門口旁邊就有當舖

動產，一般銀行並不會接收。因而當舖可以讓一些信用不良、低收入、沒有穩定職業，但又擁有一些值錢物品的人群用以融資。同時，當舖典當金額可大可小，借貸人可以有所選擇，靈活度很高。當舖對於還款也沒有太多限制，只以每月利息計算，可以隨借隨還，但銀行借款則有合約期限，如提早還款通常需要支付違約金。再者，銀行每日營業時間有限，而澳門的當舖則跟隨賭場 24 小時營業，全年無休，有需要的人可以隨時借款，滿足借款人的「急需」。在澳門，需要通過典當即時獲取資金的，大部分都是賭客，當舖在賭場周圍隨處可見。只要有可當之物就很容易借款，也就避免了向不法高利貸借貸，一定程度上抑制了高利貸的發展，有助維護社會安定。

3. 中國內地當押業的發展歷史及重要性

3.1 中國內地當押業的發展歷史

我們在第一章介紹典當業的起源中，已講述典當業在中國從西周至清末期間的發展過程，在這裡不再複述期間的發展。新中國建立後，

1956 年初，工商業實現了全行業公私合營，典當業作為一種所謂高利貸剝削行業，與妓院、賭場一樣陸續全部被取締，被定為剝削制度殘渣餘孽的典當業在中國開始進入歷史消亡期。直到上個世紀 80 年代，中國實行經濟體制改革和對外開放，典當業才開始重生，但同時也經歷了多次整改變化。

1987 年 12 月，中國第一間典當行 —— 四川成都華茂典當商行正式成立，標誌著在沉寂了近 30 年的典當業奇蹟般地復甦，並帶動全國典當行業迅速恢復和發展。短短 6 年，中國典當行數量總計達 3,000 多間，從業人員達 1 萬多人。典當業在快速發展的同時，由於沒有相配套的法律，也出現了很多問題，如胡亂集資、高息吸收存款、私開分支機構等，被認為嚴重干擾了金融秩序。[12]

1993 年 8 月，經國務院同意，中國人民銀行頒佈《關於加強典當行監督管理的通知》，規範典當行作為非銀行金融機構，劃歸人民銀行監管，採取由中國人民銀行實行從嚴管理的政策。同月人民銀行總行對全國典當業開始為期 3 年的清理整頓工作。1995 年公安部發佈了《典當業治安管理辦法》（公安部第 26 號令），加強對典當業的治安管理，保護合法經營。1996 年 4 月，中國人民銀行制定頒佈《典當行管理暫行辦法》，開始對全國典當業進行進一步規範。清理整頓結束後，全國重新核准的典當行為 1,350 間，註冊資本總計約 80 多億，直接從業人員不足 1 萬人。[13]

2000 年 6 月，因金融體制改革和人民銀行職能轉換需要，經國務院同意，典當行被取消金融機構地位，而作為特殊的工商企業，移交給國家經貿委監管（《關於典當行業監管職責交接的通知》）（銀發〔2000〕205 號），同時放寬典當行的市場准入條件，允許典當行從事動產和財產權利

---

12 郭建國、焦金梅：〈政府約束與典當籌資〉，《經濟研究導刊》，2016 年第 2 期。
13 資料來源：商務部，作者整理。

業務。2001 年，國家經貿委會同公安部聯合對全國典當業又進行了一次全面清理整頓（國經貿綜合〔2001〕861 號），取消了一批被認為不合格的典當行，僅正式保留了 890 間。[14]

2001 年 8 月，國家經貿委頒佈新的《典當行管理辦法》（國家經貿委令第 22 號），鼓勵典當行業適應市場經濟發展需要，拓寬經營範圍，擴大經營規模，允許典當行經營房地產抵押業務，為中小企業提供融資服務。之後在中國範圍內興起了一股典當投資熱。2001 至 2003 年全國共新批典當行 484 間，新批分支機構 34 間，全國典當企業總計達到 1,408 間（包括分支機構），註冊資本金總計為人民幣 95 億元。

2003 年 2 月，國家經貿委制定和實施了《典當行年審辦法》，規範典當行的年審制度。2003 年 6 月，國家機構改革，國家商務部正式成立，典當業歸商務部監管。

綜觀以上，起初典當行被作為金融機構，2000 年 6 月典當業監管由國家經貿委接管，並宣佈「取消典當行金融機構的資格」，2003 年 3 月，國家經貿委撤銷，商務部組建後負責監管典當業。實際上反映了政府管理層對典當業的性質尚未達成穩定共識。

2005 年 2 月，商務部和公安部共同頒佈《典當管理辦法》（商務部、公安部〔2005 年第 8 號令〕），於同年 4 月起實施，《典當行管理辦法》、《典當業治安管理辦法》同時廢止。典當業立法名稱由《典當行管理辦法》變更為《典當管理辦法》，但《典當管理辦法》不限於規定典當活動和業務規則，還規定典當行的組織、資本、業務管理和行業監管等。截至 2010 年底，全國共有典當企業 4,433 間。2010 年度累計發放當金人民幣 1,800 多億元。[15]

14 資料來源：商務部，作者整理。
15 資料來源：商務部，作者整理。

北京華夏典當行

2014 年，隨著非銀行短期融資機構間的競爭不斷加劇，典當行業受到了一定的影響，典當規模出現下滑。2015 年 12 月底，全國共有典當行 8,050 間，分支機構 928 間，註冊資本人民幣 1,610.2 億元，從業人員 6.3 萬人，典當餘額人民幣 1,025.2 億元。2015 年全行業共發放當金人民幣 3,671.9 億元。[16]

2018 年，在經濟穩定發展和經濟結構不斷優化等宏觀環境下，典當行業市場規模升至人民幣 2,986.5 億元。典當企業 8,483 間，分支機構 950 間，註冊資本人民幣 1,722.2 億元，從業人員 4.9 萬人。截至 2021 年 10 月，工商系統在冊存續的典當企業共有 14,893 間。[17]

16　資料來源：商務部，作者整理。
17　資料來源：商務部，企查查 Qcc.com，作者整理。

北京金藝橋典當行

3.2 當押業在中國內地的重要性

中國步入市場經濟軌道後，私營經濟得到快速發展，許多民營中小企業因為經濟實力、信用、市場等問題無法獲得銀行信貸支援，但這些企業有現存的原材料、成品等庫存商品，機器或廠房，在他們急需資金時，典當就成了他們最好的融資方式。他們通過典當資產，既獲得典當貸款，解決了燃眉之急，又激活了社會閒置資金，維持再生產，加速商品流通，推動企業資金參與整個社會資金的大循環、大周轉，大大提高了典當融資的效益。

在市場經濟條件下，雖然中國人民生活水平普遍提高了不少，但是大部分中下層人民在日常生活中仍常遇到資金難題，如婚喪嫁娶、旅行出差、病急住院、小孩求學、買房購車甚至其他天災人禍等等。這些情況的資金需求小到幾百元，大到數萬元，因為急需，向親朋好友借錢，既礙於面子，又可能欠了人情還借不夠；向銀行貸款，不是條件不符，就是時間來不及。此時，典當就成了人們的「救急站」，只要有相應財產作押，即

武漢的小型典當舖

刻就能拿到「救命錢」。方便、快捷、靈活的典當貸款成了普通百姓的「雪中炭」、「夜行燈」。

目前，中國內地間接融資市場中，銀行信貸在整個社會融資活動中發揮著主要作用，但現行所謂多種所有制並存，多元化經濟格局政策，民營、私有小企業獲取快速發展的資金來源並不多，以國有商業銀行為主體而較為單一的金融結構，難以滿足這些中小企業對資金的需求。典當作為社會資金融通的輔助工具，正好填補這個缺口。在對中小企業提供典當貸款時，亦能真正做到「應其所急」、「解其所憂」，不僅「雪中送炭」，更加可以「錦上添花」。通過調餘濟需去緩解企業資金緊張程度；通過拾遺補缺，能有效滿足中小企業的融資需求。

民間高利貸歷史源流久長，屢禁不止。它不僅嚴重干擾國家金融秩序，而且引發一系列社會糾紛，帶來很多社會問題。一方面是因為中國融資體系不健全，融資管道不完善，另一方面是百姓對生產、生活資金的迫切需要，而典當行作為金融市場主體融資管道的補充，以其「小額、短期、靈活」的經營特點，能及時滿足群眾資金需求，並依照法定的利率和課稅標準，接受政府監管部門及社會公眾的監督，因而可以對打擊民間高利貸活動起到重要的抑制作用。

綜上所述，典當業具有融資方式相當靈活、對中小企業的信用要求幾乎為零、配套服務周全等三大明顯特徵，作為一種特殊的融資渠道，在中國內地起到異常重要的作用，這也體現了典當業的重要性。

4. 台灣當押業的發展歷史及重要性

4.1 台灣當押業的發展歷史

在台灣，現代化的典當業可追溯至日佔時期，隨著 1949 年國民黨政府遷台，典當業成為當時軍民日常生活中最重要的融資管道之一。當時大量外省人來台時生活艱苦，多以隨身攜帶的黃金、白銀、寶石、首飾等，向當舖融資，獲得維生資金，因此對當舖的需求很高。除此之外，當時一般平民根本無法與銀行這類金融機構往來，而信用合作社也只是一些中小工商業者方能有辦法加入及利用。小店舖生意人、攤販、公務人員及一般平民，如遇到需要資金周轉時，最簡便的方式就是將私人物品抵押給當舖來獲取資金。

從日佔時期以來，一般典當交易合法的月利率約在 3% 至 5% 之間，可是戰後初期台灣受到嚴重通貨膨脹的威脅，加上民眾對典當業需求巨大，台灣民間典當交易月利率飆升至 13% 與 15% 之間。[18] 同時，民營當舖亦收取棧租費、保險費等額外費用，使月利率曾經高達 23%。1952 年間台灣政府鑑於民營當舖利息太高，下令各縣市政府籌設公營當舖，台灣的典當業開始向民營及公營兩方面發展。

4.1.1 台灣民營當舖的發展歷史

國民政府撤退至台灣後，雖然典當業需求大，但政府擔心典當業設立過多而難以管控，加上當時「台灣省典當業聯合會」為保護自身營業權益，向政府陳請希望能控管營業數量。[19] 政府於是在 1956 年發出行政命令，規定開設當舖過多的縣市地區，暫停開設新的民營當舖，而且規定以人口數量之多寡，各縣市人口每滿一萬人才可設立一間當舖。[20] 另外國民

18 洪士峰：〈國家與典當：戰後台灣公營當舖的發展系譜〉，《思與言》，2019 年，第 57 卷第 1 期。
19 洪士峰：〈合法、合理化非法與非法 1945-2010 年間台灣典當交易的發展系譜〉，《台灣社會學刊》，2013 年，第 52 期。
20 台灣省政府 45（1956）年 12 月 22 日（45）府建商字 120043 號令規定

台灣的民營當舖是受政府規管的

政府為了照顧遷移到台灣的退伍軍人，於 1960 年發出行政命令，讓退伍軍人優先申請當舖營業執照。[21] 政府對民營當舖的種種限制，令當時台灣的典當業成為特許行業。一般民眾無法申請經營，形成一個較封閉的商業團體。

台灣民營當舖一直受到政府的控管，1974 年行政院院長蔣經國指出：「當舖業為易於銷贓場所，應加強管理」，當舖業相關業務開始由內政部警政署管理。[22] 1984 年，政府頒令，將原規定各縣市人口每滿一萬人可設立一間當舖，修改為每滿三萬人口可設立一間當舖。1994 年台灣曾經短暫開放當舖牌照申請，當時內政部公佈廢止「限制民營當舖申請處理辦法」，民眾只要按商業登記即可申請設立當舖。這一開放政策隨即影響當時典當業經營者長期以來被特許的利益，因而聯合向政府施壓。半年後

21　台灣省政府 49（1960）年 4 月 30 日（49）府建商字 3463 號令規定
22　台北市當舖商業同業公會 1983；立法院公報第 90 卷第 18 期 2001：247

台灣公營當舖——台北市動產質借處

內政部以維護社會治安及經濟秩序為由，重新嚴格規管當舖。2001 年，政府正式公佈「當舖業法」，再次列明當舖設立之限制標準，規定「當舖業之核准籌設家數，依其所在地之直轄市、縣（市）人口數，自本法施行後，第一年每增加三萬人籌設一家，第二年起每增加二萬人籌設一家為基準」，並一直沿用至今。

4.1.2 台灣公營當舖的發展歷史

戰後初期的台灣物價飛漲、米荒嚴重，民眾對典當業需求很高，因而民營當舖的利息也隨之升高。為了維持社會安定，避免民眾被當舖高利所剝削，1952 年台灣政府函命各縣市政府籌設公營當舖，採物品質押方式辦理低利放款，以扶助平民生活資金的周轉。台北市政府因而成立城中（台北城內的區域，又稱為「城內」，台灣話「siânn-lāi」）、城西（萬華）、城北（大稻埕）及城南（古亭）等四處公營當舖，於同年開始對外營業，經營資金全由市庫撥給，隸屬台北市政府民政局管理，現在的台北市動產質借處就是台北市政府的公營當舖。[23] 除台北市公營當舖，高雄市亦接收日佔時期的「高雄市公設質舖」，成立「高雄市公營當舖」。1958 年台灣政府頒佈「台灣省各縣市及鄉鎮公營典押當舖組織章程準則」，將籌設當舖擴展到最基層的管治單位——鄉鎮，因此這一時期台灣大部分縣市皆設置公營當舖，典當業與民眾日常生活融資關係十分密切。

這時期公營當舖月利率約為民營當舖的三分之一左右，許多小店舖生意人、軍公教人員（軍人、公務人員、公立學校教師的合稱）等，如果日常生活需要款項周轉時，就把自己家中的物品帶到當舖換取現金。從使用公營當舖的人群類別來看，以軍公教佔大多數，且主要是外省人士，這與當時戰後遷台的大量移民有關。

隨著金融業自由化的發展，民眾到銀行、信用合作社借貸也越來越便利，台灣的公營當舖逐步退出市場，只剩下台北和高雄兩地有公營當舖。1993 年 7 月 1 日為正面認知「公營當舖」，台北市政府直營的公營當舖正式更名為「台北市動產質借處」，成立迄今，除總處外，台北市區內有松隆、古亭、龍山、大同、中山、景美、士林共 7 個分處。參考台北市做法，高雄市公營當舖於 1994 年更名為「高雄市政府財政局動產質借所」。[24]

4.2 當押業在台灣的重要性

與其他地方類似，銀行雖然為現今社會最為普遍的融資管道，但銀行對借貸人有信用要求，以及銀行借貸在手續、時間、額度等方面也有限制，這令一些中小企業和一般民眾難以從銀行獲得融資，此時當舖便成了

23　台北市動產質借處介紹，網址：https://op.gov.taipei/
24　高雄市政府財政局動產質借所介紹，網址：https://mps.kcg.gov.tw/index.php?page=introduction_01

另一種融資管道的選擇。再者，銀行每日營業時間有限，而當舖一般會營業到夜晚，部分區域的當舖甚至 24 小時營業。這對於突然急需資金周轉，或無法在銀行營業時間去辦理借款的民眾來說，當舖正好可以幫助其解決燃眉之急。因此滿足借款人的「急需」，是現今當舖存在的最大價值之一。

台灣公營當舖的存在，更像公益機構。公營當舖設立初衷，就是為了協助民眾緩解緊急資金需求，避免民眾被高利剝削，所以其利息一直低於民營當舖和銀行，目前台北市動產質借處提供的質借利率為——弱勢族群月息 0.36%、台北市民月息 0.62%、一般民眾月息 0.68%。這種低利率，正好讓一些低收入，沒有穩定工作及儲蓄的民眾，可以享有低利率借款的便利。除了經濟上的功能，公營當舖長期以來提供低利簡便的融資服務，發揮緊急紓困，對於安定社會民生也有重要作用。公營當舖甚至會積極發展公益方面的功能，協助市民改善生活，如台北市動產質借處開辦協助就業服務及職業訓練的課程；為關懷弱勢族群，鼓勵質借客戶奮發向上精神，開辦質借客戶求職成功祝福金、職訓結訓祝福金，以及獎勵質借客戶本人及其子女學業成績優良、成績進步的祝福金；自 1997 年開始，更加拓展附屬事業，建置「台北惜物網」，為台北市各機關學校的動產與物品提供網絡拍賣平台，以實現資源的持續利用，回收資源，珍惜地球。[25]

當舖的存在對於非法金融活動也有一定抑制作用。台灣俗稱的「地下錢莊」專門從事非法借貸、存款、換匯的金融業務，對象也是無法向銀行融資的民眾。但「地下錢莊」不受規管，利息高昂，並會暴力討債。而當舖提供的低息便利借貸，特別是台灣公營當舖提供的服務，令部分急需資金周轉的民眾不至於走向「地下錢莊」借款，防止民眾受到「地下錢莊」的剝削及可能產生的暴力行為，抑制「地下錢莊」的發展，維護社會的穩定。

25 台北市動產質借處網站說明，網址：https://op.gov.taipei/

5. 新加坡當押業的發展歷史及重要性

5.1 新加坡當押業的發展歷史

根據文獻，新加坡早在 1822 年已有典當業存在，但據知最早的一間華人當舖是「生和當」，1872 年由廣東大埔縣客家人藍秋山及友人合資創立。其營業的方式、裝潢、設備、架構等都是沿襲中國典當業的傳統格局與體制。當時銀行業和金融業尚未發達健全，典當業成了新加坡經濟樞紐，而且其資金雄厚、殷實可靠，對民生經濟方面有相當程度的影響。[26]由於當時實行投標當商制度，想要開設當舖並不容易，必須有關係才能從得標當商那裡取得經營權。加上華人對於傳統地緣宗親信賴的關係，越來越多客家人移民到新加坡後，就自然進入典當這個行業，開起了當舖。1920 至 1929 年曾經是新加坡典當業最鼎盛時期，一共有 25 間，其中由客家人經營的有 22 間。

由於這一時期新加坡的當舖數量開始增多，因此在 1920 年一些當商便組織了當商公會，並制訂公會守則，包括成立宗旨、目標、組織、入會方式、會員資格、會員權利、義務、公會收入與內部選舉等相關組織運作章程，透過當商公會，可以讓更多當商互相交流行內訊息。[27]當商公會也是政府與當商之間的橋樑，政府有關法令的實施都會諮詢公會。當商公會自成立之後，也協調與促成許多法令的實施，當商對政府有任何意見和要求也會透過當商公會向上反映。[28]

1929 年，全球經濟大蕭條，新加坡自然也未能幸免，市場一片不景氣，典當業都受到很大影響。當時的典當品大部分都是金、銀製品，但由於金銀價格在短時間內突然不斷下跌，之前當舖按市場標準價收入的金銀物品價值也快速貶值，這時便沒有人想要贖回典當物。流當品越積越多，就算拍賣也收不回當時的價值，斷當即代表再沒有利息收入，這讓當舖承受了巨大的損失。因此在這一時期，新加坡不少當舖因資金周轉不靈而倒閉。當時的政府看到這樣的情況，只好接受當商的要求，降低稅金，讓當舖可以渡過難關。同時，政府也修改了當商條例，規定所有當舖必須使用英文簿記賬。到了 1932 年，情況依舊沒有好轉，於是政府再降

26 〈【全球客商行】客商競日新獅城逞風流〉，《梅州日報》，2017 年 9 月 21 日。
27 何謙訓：《新加坡典當業縱橫談》，新加坡：新加坡茶陽（大埔）會館、新加坡當商公會，2005 年。
28 林瑜蔚：〈新加坡當舖業與客家〉，中央大學客家政治經濟研究所碩士論文，張翰璧教授指導，2008 年。

低稅金，並在 1934 年再度放寬對當舖的規限，取消「凡典當品價值 200 新加坡元以上者，需有擔保人，才許當舖收當」的規定，這樣當舖便可以多做生意，增加盈利。

1935 年，世界經濟開始恢復，新加坡的錫礦和橡膠價格開始上升。到 1939 年，第二次世界大戰爆發，因軍事上需要大量錫和橡膠，這兩種產品的價格繼續不停上漲，新加坡的經濟也因此再次繁榮起來，典當業也如是。由於黃金價格回升，加上戰爭導致物資短缺，需要典當的人也增多，這時的情況是一般都會贖回當物，當舖的盈利也自然增加了。但好景不長，很快日軍佔據了新加坡，這時期貨幣不斷貶值，物價飛漲，當舖寧願囤積貨物，因此典當業幾乎處於停頓狀態。二戰結束後，新加坡的典當業重新走上軌道，在 1955 年有記錄當舖共 32 間。

60 年代，新加坡開始發展東北及西部地區，並在這些地區建立公共房屋，重新分配地區人口。當舖也隨著人口的變化，原先只集中於中央地區的牛車水、小印度的當舖，也開始在其他地區開設分號，當舖數量也漸漸增多。

傳統的華人當舖都是用毛筆書寫當票，甚至每間當舖還有自己特殊的文字符號。但在 80 年代中期，新加坡部分當舖開始慢慢淘汰使用算盤和手寫當票的做法，改用電腦系統記錄及印製當票，逐步邁向現代化發展，但也有部分舊式當舖老闆不接受電腦化管理，仍然維持傳統做法。不過新加坡當商註冊局在 1996 年下令，所有當舖必須在 1997 年 1 月全部電腦化，因此傳統當舖也不得不跟從。當舖採取電腦化管理後，人力支出減少了，工作效率也大大提高了，且電腦印製的當票資料清晰準確，更透明化，當舖與典當者之間的爭執也減少了。

2003 年，新加坡郵政有限公司（Singapore Post Limited）在新加坡交易所的主板上市。由於當時典當業在新加坡仍然有相當大的市場，新加坡郵政於 2004 年進軍典當業，開設當舖 SpeedCash。新加坡當商公會對政府進入典當業提出質疑，鑑於郵政營業據點十分多，會嚴重影響其他當舖的利

新加坡大興當的門店

益，但是公會最終並未能阻止新加坡郵政開設當舖。雖然公營當舖一開始對典當市場產生了一些影響，使其他民營當舖在經營利潤和人力資源上遭到瓜分，但是也並非所有民眾都願意到與政府有密切關係的當舖典當，大多還是偏向選擇自己信任與熟悉的當舖。另外，市民也擔心被政府掌握身家財產，因此不一定會選擇到郵局典當。[29] 可能因為上述原因，新加坡郵政只經營了幾年當舖，最終在 2011 年將當舖業務出售給私人集團。

2008 年，新加坡大興當上市，成為新加坡首間上市的當押商。目前新加坡共有 3 間上市當舖集團。新加坡的當舖越來越現代化，數量也越來越多，截至 2023 年 10 月 1 日，一共有 239 間當舖。[30]

29 林瑜蔚：〈新加坡當舖業與客家〉，中央大學客家政治經濟研究所碩士論文，張翰璧教授指導，2008 年。

30 新加坡當商註冊局網站，網址：https://rop.mlaw.gov.sg/information-for-pawners/list-of-licensed-pawnbrokers-in-singapore/

5.2 當押業在新加坡的重要性

根據新加坡統計局的數據，近年新加坡典當業總體平均每月貸款額都在 4 億新加坡元以上，一年更高達 50 多億新加坡元。

典當數據	截至 2021 年 8 月	2020 年	2019 年
收到典當品總數量	2,497,838	3,663,552	4,749,927
贖回典當品總數量	2,396,865	3,761,379	4,203,842
典當貸出金額（百萬新加坡元）	$3,866.7	$5,456.8	$5,785.3
典當收回金額（包括利息）（百萬新加坡元）	$3,864.4	$5,621.3	$5,772.3

在過去，當舖被稱為「窮人的銀行」，但現在新加坡到當舖的客人包括一般市民、白領及商人等各個階層，而且年輕的客群也有所增長。在經濟不景氣的時期，即使經濟富裕的新加坡，也有很多家庭負債快速攀升，許多中產家庭收入越來越落後於支出而不時需要靠典當來周轉應急。[31]

只要有可抵押的物品，當舖是獲得資金最方便快捷的管道。新加坡當舖的典當利息，每月 1.0% 至 1.5%，以 1,000 新加坡元的貸款額來說，每月利息最多是 15 新加坡元。而一般信用卡要收取 2.5% 的利息，私人貸款則是 4% 的利息，高於當舖，因此很多人急需現金周轉的時候願意選擇當舖。再者，市民向銀行貸款審查手續較為繁瑣，還需要通過個人信用評核才有可能申請到貸款，對於收入不穩定的人來說十分困難。另外向當舖借錢不會直接增加負債額，因為典當品都是既有資產。

31 李鑄龍：〈新加坡人瘋當舖〉，《工商時報》，2013 年 11 月 17 日。

新加坡當舖借款與銀行私人貸款比較

當舖	銀行
- 借款容易，但需要有價值可抵押的物品 - 不需信用審查，可立即獲得現金 - 借款額度不高，適合小額融資 - 利息低廉，月息不超過 1.5% - 當期較短，適合短期融資需求 - 如果不打算贖回抵押品，可以選擇不還款，財務處理上更靈活	- 需要信用審查或收入來源證明才可貸款 - 貸款審批通常需要數個工作日或更長 - 貸款額度較高，可高達月薪的 4 倍或以上 - 一般貸款利息為每月 4% - 還款期可安排較長的時間 - 根據合約，貸款必須繳還銀行

在新加坡，一半以上的客人都會在一個月內連本帶利贖回典當品或繳還利息，可見新加坡民眾對短期靈活融資的需求非常高。還有一些人把當舖當成保險箱，把貴重物品抵押但只借小額款項，相當於支付當舖保管費。新加坡的外籍勞工，也會使用當舖，他們通常會購買金飾保值，需要時就把金飾抵押，換取現金寄回家鄉。另外一些本地人有時也會將金飾、珠寶或其他貴重物品拿到當舖換取現金，這部分人並非有急切的融資需求，而是不再使用某些飾物，或不想自身擁有太多的高價物品，所以最方便就是直接典當給當舖。

華人社區當押業的經營與現況

1. 香港當押業的經營與現況

1.1 香港關於當押業的重要法規及反洗黑錢監管

香港當押商的營運受香港法例第 166 章《當押商條例》及根據該條例制定的《當押商規例》(第 166A 章)規管。條例就發出當押商牌照，規管以及管制當押業務的營運方式、貸款利息、當押商對交易的處理、當押物品的處理及擁有權，及當押商就損失或損害須負上的法律責任作出規定。第 166 章及第 166A 章所訂定的規管制度只適用於該條例附表 1 所指明款額以內的貸款。超出該限額的貸款並不享有第 166 章所訂明的權利，也不受該條例保障，而是受《放債人條例》(第 163 章)管制及規管。現時，第 166 章附表 1 所載該條例適用的最高貸款額為港幣 10 萬元。

條例對當押商的營業時間也有規管，香港當舖每天可以在上午 8 時或以後開始營業，除了農曆除夕可以營業至午夜之外，其餘日子只可以營業至晚上 8 時。當押商必須在營業地點的門上，以中文字及英文字母大型展示其本人或其商號的全名，同時在中文名稱之後須加上「押」字，在英文名稱之後則須加上「Pawnbroker」。在當舖的顯眼位置，還須設置一個以中文及英文書寫的告示，展示按《當押商條例》附表 2 指明的貸款利率，及列出根據條例第二十二條就任何一件當押物件的任何損失或損害而須負上法律責任的款額，該款額不得超過《當押商條例》附表 1 所指明的港幣 10 萬元。《當押商條例》亦規限當押商在其牌照有效期間，在營業地點只可經營典當業務及出售根據該條例已成為當押商財產的物品，不能經營其他業務或從事其他職業。

另外，當押商亦須遵從《刑事訴訟程序條例》（香港法例第 221 章）第 101（3）條；該條規定當押商如有合理因由懷疑獲當押的任何財產是贓物，而他又能夠在一切合理安全的情況下拘捕就該財產作出要約的人，當押商須拘捕該人，並須接管該項要約所涉及的財產，然後須立刻通知最接近的警署。

1.2 香港當舖的經營手法及主要顧客群

1.2.1 店舖的外觀及設計特色

不同國家的當舖間隔與結構都展現其傳統文化特色，香港昔日的當舖大多是一幢四五層高的大樓，為保安理由，會封閉門窗，地下一層為舖面，樓上數層作為貨倉用以存放典當物，方便典當者可能隨時來還錢贖回物品。如今市民已經沒有典當棉被、縫紉機等大型家品，所以近年設於商業大廈的當舖，一般會在地舖櫃檯後的位置，或於樓底高的場所設置閣樓作為貨倉。

香港當舖門外懸掛的招牌形狀獨特，常見的招牌樣式多數底部為圓形，有個坊間形容為「蝠鼠吊金錢」的標誌，招牌中央寫有「押」字。所謂「蝠鼠吊金錢」或「蝠鼠含金錢」，是形容招牌猶如一隻倒轉的蝙蝠咬住一塊「金錢」，蝠鼠又稱飛鼠、蝙蝠，在中國傳統上，「蝠」與「福」同音，故而被稱為吉祥之物。用蝙蝠當招牌，倒吊蝙蝠含著金錢，有福臨、福蔭的意思。招牌外形又似葫蘆，葫蘆諧音「護祿」、「福祿」，外型飽滿，象徵納財致福，廣納四方財，古人認為它可以增財添福、驅災辟邪。高可寧家族管理的當舖，還會在「蝠鼠吊金錢」招牌上加上一個

香港中環榮德大押，其霓虹燈牌呈「蝠鼠吊金錢」外型，在夜裡閃耀生輝。

「囍」字。香港當舖在晚上亮起霓虹光管招牌，與其他各式各樣的招牌爭妍鬥麗，成為香港夜景的一大特色。可惜隨著招牌日久失修，造成多宗意外，不少霓虹招牌因狀況引起安全顧慮，被政府要求清拆，大大小小的「霓虹光管招牌」相繼消失，現在全港只剩下幾百塊霓虹招牌。

進入當舖大門後有一大屏風（俗稱遮羞板），用作阻擋視線，故此街上行人看不到店內的情況，加上 6 呎高的櫃檯，並裝上鐵窗花，店員可以看清楚訪客的一舉一動，保障店內員工及財物；而且典當是一件不光彩的事，遮羞板同時給予當物者一點私隱；加上屏風亦可隔音，方便朝奉與典當人對話，不受店外鬧市所擾。當舖內的櫃檯高度逾 6 呎，所以典當人不可能與朝奉「平起平坐」，更遑論可以窺見朝奉的工作間。這個設計一來可以有保安用途，防止賊人輕易打劫，朝奉坐在上面亦容易看到店內店外的情況；二來亦令當物者心理上有求於朝奉的感覺，難以討價還價。

香港順昌大押門前置有遮羞板，方便典當人和朝奉對話。

1.2.2 當舖的內部人事結構

典當業的全盛時期，一間當舖的員工可以有 20 人以上。內部分工制度精細，員工各司其職，包括：司理 / 經理、外席[1]、外缺[2](營業員)、內缺[3](管理員)、中缺[4]以及學徒。[5]隨著典當品尺碼、種類改變，融資環境與以往有很大分別，當舖規模縮減，需要的人手亦減少，加上願意入行的青

1 外席的職責，便是擔任當舖外的職務，例如出席官方會議，與典當者接觸及交易等等。

2 外缺的職務，就是為抵押品估值，並計算利息。擔當此職的員工，一定要懂得辨別抵押品之良劣、避免魚目混珠；而且有鑑於行內競爭激烈，外缺為人亦需善於交際，跟顧客們建立良好的關係，否則顧客便會逐漸流失。

3 內缺分成四部分（管包、管飾、管錢、管賬）。管包：管理衣服、銅錫器皿等等；管飾：管理首飾，由於金器首飾等皆價值不菲，故不會與衣服儲存在同一位置；管錢：管理銀錢出入，及與銀行往來；管賬：將管錢者登記之銀錢出入加以整理，並製造月結。

4 中缺也分成四種工作（寫票、清票、捲包、掛牌）。寫票：負責撰寫當票給顧客，以作贖物憑證；清票：負責將繳還的當票排列整齊；捲包：負責將典當物分門別類及防止典當物損壞；掛牌：負責在典當物表面掛上記號，以作識別。

5 學徒是一些缺乏從事典當業的新手。雖然地位卑微，卻職務繁重，例如在貨倉尋找典當物，並交還給顧客。再者，他們也負責報號及其他雜務。

年人不多，現今當舖從業人數由小型當舖的二三人，到大型當舖有 10 位職員左右。現時當舖的分工已經沒有以前那麼細緻了。

1.2.3 朝奉的與時並進

隨著生活模式轉變，現代人已不會將家庭電器、棉被舊衣物等拿去典當，當然，金銀珠寶、名錶鑽石仍有市場價值，此外現在的典當物還有手提電話、平板電腦等。因此當舖從業員需要了解不同當物在二手市場的價格及接受程度，更需要不斷了解市場狀況，避免被冒牌貨魚目混珠，蒙受不必要的損失。

當舖主要按典當品的變現能力（Liquidity，即資產轉換為現金所需的時間）、二手市場的接受程度來決定典當品的折讓價，例如黃金就以當時的金價來判斷。然而法律規定，不論當物原價有多高，當舖出價不可超過港幣 10 萬元。

當主無錢贖回典當品，可以選擇續期，每次續期不得超過 4 個月，次數不限，直到當主贖回為止。如果當主選擇到期不贖回或無法付清利息，稱為斷當，斷當的抵押物屬於當舖所有，當舖有權自行處理當品。

有些當舖會在附近開設另一間店舖，方便售出斷當品，一般當舖會有相熟的二手市場聯絡人，遇到斷當物品，可以安排聯絡人上門收購。當舖亦會把斷當品變賣，例如黃金就會自行拿到金舖熔掉換錢。當然，二手市場的承接力以及貴金屬的市場價格波動也會影響當舖套現時收回的價值。

1.2.4 香港當舖的主要顧客群

香港當舖的經營模式與顧客群隨著整體經濟改變而轉型。

香港開埠後開放為自由港，大量中國內地的商人和勞工來港謀生。早期香港人的生活水平不高，家庭收入低；再者，開埠初期香港政府並未規範博彩活動，賭博活動氾濫，賭徒在輸錢後繼續投注以求回本，從而需要周轉；低下階層便典當棉被等家中值錢的物品以應付日常開支；而漁夫及農民會拿自己維生的工具去典當，所以當時的當品也包括漁具、鋤頭、泥耙等用具。

日本侵華期間，中國內地多個大城市的商人和民眾紛紛湧入香港。當時一些富貴人家會將珠寶首飾、古董字畫等奢侈品拿到當舖換取現金。而普通市民在沒有工作收入的時候，會把謀生工具和日常用品都拿到當舖典當應急。1941 年日本佔領香港，經濟蕭條、通脹嚴重，市民的生活更加水深火熱。為了維持基本生活，不少基層市民直接將衣物拿到當舖換錢後便任由其斷當，以致當時的當押業生意非常蓬勃。

第二次世界大戰結束後，香港的經濟開始好轉，輕工業得以蓬勃發展，市民的生活也因此慢慢富足起來，進而對當舖的需求則稍微減少。直到 60 年代暴動期間，市面上經常出現示威遊行，有時發生警民衝突，甚至出現土製炸彈襲擊，由於社會動盪，經濟活動大受影響，市民的收入也因而減少。部分市民為了維持必要的開支，會到當舖典當借貸。暴動結束後，政府推行經濟及政治改革，使香港經濟快速增長，製造業復甦，同時也帶動了金融行業及股票市場的發展，典當的人逐漸減少。

1970 至 1973 年間，香港有 4 間證券交易所成立，令普羅大眾更容易參與股票買賣，恒生指數在 1972、1973 年間不斷上升，市民投資氣氛熾熱，市面更出現「魚翅撈飯」、「龍蝦做早餐」等現象。然而，1973 年置地股份一送五紅股後除權及出現假合和實業股票等事件，令市民對股票市場信心大跌，拋售股票，加上石油輸出國組織實施石油禁運，引發石油危機，恒指不斷下跌，香港股市史上出現大規模股災。市民不得不將以前購入的貴價物品抵押給當舖，以渡過經濟難關。所以，經濟生活水平的提高也令典當物品種類轉變，市民不再把棉被、衣物拿到當舖典當。

香港於 80 年代曾出現過幾次大型股災，包括 1981 年中英就香港前途會談陷入僵局，引致港元大跌，恒指跌幅超過 60%；到 1987 年 10 月，美國股票出現恐慌性拋售，引致環球出現股災，香港股市也受到波及，跌幅也超過 50%。市民在股票市場蒙受損失，不少到當舖典當周轉，這時典當物品也包括市民在股票市場獲利後購入的黃金、珠寶、「大哥大」手提電話等。

1979 年中國內地改革開放，吸引不少港商將工廠移到內地，以減省生產成本，到了 90 年代，香港製造業已經式微，而金融業發展蓬勃，市民及中小企需要融資，多數會利用銀行及財務公司的服務，所以去當舖的人也越來越少。不過，1997 年出現亞洲金融風暴，失業率急升至 8.8%，90 年代中開始熾熱的樓市「爆煲」，造成很多負資產及銀主盤放售的個案；然而，穩健的金融體制要求銀行及財務機構加強管理風險，所以批核貸款的門檻很高，而中小企及市民在周轉上遇到不少困難，反而當押業沒有受到政府規範，所以吸引市民套現，令當押業生意額再次攀升。

政府自 70 年代起准許輸入外籍家庭傭工（外傭）來港工作，目前在香港工作的有約 34 萬名外傭，[6] 他們為本地家庭及社會作出重大貢獻，同時也成為香港當舖的主要客戶群。外傭來港後可能要先向中介支付過萬元的服務費，餘下大部分的工資會寄回家鄉以照顧親人，如果家鄉的親人生病住了醫院，或者家裡又要「起樓」，他們的工資可能也不足以應付，由於他們不容易在銀行體系上拿到貸款，所以每當他們趕著寄錢回家，就會先把身上的金銀首飾或其他貴重物品典當；為了吸引這些潛在客戶，有些當舖會在菲律賓報章刊登廣告，並在當舖門外設置大電視播放菲律賓的節目。

另外，現今社會崇尚享樂主義，很多年青人也沒有儲蓄的習慣，他們用信用卡消費後，可能只還 Min Pay（minimum payment 最低還款額），或者透過「卡冚卡」清還卡數，卡數好似滾雪球一樣，越滾越大，從而影響

6 2023 年 2 月 15 日的立法會會議「完善外籍家庭傭工政策」議案（立法會 CB(3)274/2023(01) 號文件），網址：https://www.legco.gov.hk/yr2023/chinese/counmtg/motion/cm20230215m-nmy-prpt-c.pdf

個人信貸評分（credit score），以及往後銀行及財務公司批核貸款申請和計算貸款利率的決定。所以他們急需金錢時，就會光顧當舖去套現。

1.3 香港當押業的經典人物及龍頭企業

1.3.1 高可寧家族

港澳慈善家高可寧於香港及澳門開設多間當舖，有省港澳「典當業大王」之稱。高可寧為前澳門中華總商會會長，創辦富成按揭有限公司，公司於香港經營皇后大道西德泰押、中環德輔道中德榮大押、灣仔軒尼詩道同德押（原店建於 1930 年代，是一幢樓高 4 層單棟式、弧型轉角騎樓式的唐樓，被列為香港三級歷史建築，已於 2015 年拆卸，現搬遷至原址旁的富德樓繼續營業）、銅鑼灣邊寧頓街德興大押、灣仔軒尼詩道成隆押、北角馬寶道成豐押、佐敦上海街德生大押、深水埗南昌街南昌押、旺角亞皆老街同昌大押以及澳門德成按。

高氏家族在香港所擁有的當舖中，歷史較為悠久的有 3 幢，其中一幢是德榮大押，另有兩幢為位於上海街的德生大押以及深水埗的南昌押；其中南昌押於 1999 年與毗連的「119 及 121 號唐樓」、「123 及 125 號唐樓」一連 5 座的戰前唐樓群同列作二級歷史建築，其後於 2010 年被降為三級，南昌押 1920 年代建成，原名同安大押，1950 年代改稱南昌押。政府近年逐步收緊《建築物條例》，屋宇署於 2023 年 1 月指南昌押招牌因違反第 123 章《建築物條例》第十四條規定，兩個招牌及支架未有事先經建築事務監督批准建築圖則，發出招牌清拆令。業主在 2023 年 3 月 14 日展開工程拆除招牌，招牌其後運往元朗，由非牟利組織「霓虹交匯」保存。

德榮大押位於中環德輔道中，樓高 4 層，在眾多高樓大廈的包圍之中，古樸的建築特別引人注目。招牌以鐵皮製成並配上紅白霓虹，有別於其他當舖木製或膠製的招牌。現時的德榮大押地舖門面繼續經營著典當業

香港南昌押（左）與德榮大押（右）同由富成按揭有限公司經營

香港德興大押，右圖可見其天台上的涼亭。

務，樓上則沒有使用。大門正對著一扇銀色的遮羞板，以防路人看見內裡情況，避免典當人尷尬。內裡是傳統的高櫃檯，典當人也看不到櫃檯後的內部情況。[7] 另外位於銅鑼灣邊寧頓道的德興大押，建於 1951 年，其有個特色是天台還有涼亭。

1.3.2 羅肇唐家族

裕泰興有限公司創辦人羅肇唐（1930-2020）的曾祖父經營當舖起家，羅肇唐早年跟隨父親羅裕積從事典當生意，1947 年，羅裕積任港九押業商會理事長，羅肇唐其後轉型至地產發展，專門收購舊樓重建，收購集中在中環、上環及灣仔地區，所以被稱為「當舖大王」以及「中環釘王」。羅肇唐與兄弟羅肇群、羅肇同均為港九押業商會有限公司名譽會長。羅肇唐熱心公益，獲授予「廣州市榮譽市民」稱號，於 2019 年羅肇唐家族捐贈港幣 1 億元予香港浸會大學，以支持大學策略發展。裕泰興集團現時營運 3 間當舖，分別為銅鑼灣登龍街的和昌大押、灣仔軒尼詩道的同豐大押和灣仔道的振安大押。

位於灣仔莊士敦道的和昌大押是香港最古老的當舖之一。和昌大押建於 1888 年，樓高 4 層，以木為基本結構，牆壁由磚砌成，採用雙開式落地的法式大窗，連接大陽台長廊，是戰前「唐樓」常見的建築設計。2003 年香港政府市區重建局以 2,500 多萬元購入和昌大押連同船街 18 號的一幢戰前商住樓宇，再以 1,500 多萬元復修和昌大押，完成保育及翻新工程，大樓自 2011 年底起由粵菜食府「和昌飯店」經營。原來的當舖於活化期間遷至灣仔大王東街，2020 年 11 月，由於租約期滿，和昌大押搬遷至銅鑼灣登龍街繼續營業。

7　梁炳華主編：《香港中西區地方掌故》，香港：中西區區議會，2003 年，頁 85。

翻新後的和昌大押

1.3.3 靄華押業（1319）

靄華押業為首間在香港上市的典當服務提供者，2013 年於香港聯交所上市。靄華押業以「靄華」品牌名稱在香港經營融資服務，主要從事提供有抵押融資（包括按揭抵押貸款及典當貸款）業務，並在港九新界各區共經營 12 間當押店，包括：中環德華大押、基華大押、旺角偉華大押、興華大押、沙田祥華大押、荃灣豪華大押、屯門崇華大押、大埔鴻華大押、寶華大押、上水恆華大押、振華大押以及尖東地鐵站的靄華押業；位於灣仔杜老誌道的總部就主要處理物業按揭，屬當押業行內「一哥」。集團於 1975 年在旺角成立偉華大押，並在灣仔的寫字樓內首創私人會客室，保障客人私隱；集團更提供私人熱線電話予客人查詢報價。

根據靄華押業 2023 年年報顯示，集團於典當貸款業務之貸款總額由 2022 年財政年度約 791,100,000 港元增加 22.1% 至 2023 年財政年度約 966,300,000 港元。增長主因歸於活躍的二手奢侈品市場，尤其是手錶，帶動了相關的再融資需求。同時，集團又開發流動應用程式，以把握網上

靄華押業——德華大押

典當貸款服務的機遇，亦在廣告及宣傳上投放資源以提升品牌的曝光度。

靄華押業主席陳啟豪透露，旗下當舖的斷當率一般維持在 10%，「我哋分店多，斷當物件的數量比較大，所以與各二手回收商關係很好，始終我一個月賣一隻錶畀你，同一個月賣 10 隻，有好大分別。好似手錶，印度及中東人較喜歡金色，歐美人士鍾意運動款，大陸人則較喜歡有鑽石的，分門別類，不會爭！」[8]

2023 年疫情後，香港經濟陷入低迷狀態。原本各行各業期望通關政策能夠刺激經濟增長，然而消費增長放緩、政府收入下降、股市和樓市走低，本地旅遊業也未能受到刺激，市民的消費意欲疲弱。在經濟狀況惡化時，人們對資金周轉的需求增加。靄華押業對於香港的貸款需求增長持樂觀態度，並在港鐵尖東站開設了首間地鐵站分店。

8 〈【當舖傳奇】財仔、稅貸左右夾擊　典當業一哥拆解「打不死」3 招〉，香港 01，2016 年 12 月 13 日，網址：https://www.hk01.com/ 財經快訊 /59618/ 當舖傳奇 - 財仔 - 稅貸左右夾擊 - 典當業一哥拆解 - 打不死 -3 招

靄華押業港鐵尖東站分店

1.4 今天業務的機遇與挑戰

銀行、財務公司或其他貸款的崛起曾一度威脅到當舖的生存空間，然而，隨著全球經濟起伏，投資環境不斷變遷，監管機構風險管理不斷提高，縱然市民因著大環境或自身需要而對貸款有所需求，但受法例規範下，持牌金融機構又不一定能夠批出貸款，故此當舖仍然有一定的生存空間。

1.4.1 當舖的優勢

效率高、利息較低、毋須入息證明

市民要到當舖典當，只需帶備有價值的抵押品，讓當舖職員檢查並估價後，再登記資料，十幾分鐘便可現金到手，不需作任何入息證明。相比到銀行或財務公司借貸，一來手續繁多，二來發牌指引規定要核對顧客資料，批核工作可能已需要花上幾天，加上銀行或財務公司亦需審查顧客的入息，如果市民沒有固定收入，如靠打散工維生的基層市民，便很難獲批借貸了。相比向高利貸借錢，冒著被「淋紅油」、「鎖鐵閘」等施壓還款手法，市民如果手上有值錢的當物，那麼到當舖會是比較安全而且利息較低的借貸方法。

內地客戶

內地的當舖與香港的營運模式不同，主要以房產及汽車等資產作抵押品，但香港當舖受限於法例規定，典當金額不可以超過港幣 10 萬元，所以市民的房產或名貴汽車，需透過銀行或者財務公司再融資。由此，內地當舖會有有經驗的從業員去審核並為房產和汽車估值，反而珠寶首飾金器價值較低，當舖未必有足夠資深的職員去鑑定，故此內地人士也透過香港當舖進行典當，成為香港當舖的客源。

外傭客戶

典當行業在東南亞十分普遍，來港工作的外傭對於此並不陌生，由於香港有 30 多萬外傭為本地家庭服務，所以外傭市場也成為當舖的一批重要客源。香港當舖透過不同形式去吸引這批外傭，大部分會在外傭休假期間聚集的地方，例如尖沙咀、中環等設立店舖，並安排菲律賓籍或印尼籍的工作人員在店內招呼客人，有的會播放菲律賓節目吸引外傭在店舖附近聚集。

低息貸款競爭激烈

近年銀行、財務公司等貸款利率上升，借貸成本增加，但是當舖需按香港法例第 166 章《當押商條例》規定，每港幣 $100 本金，每月只能收取不多於港幣 $3.5 的利息，所以典當業仍能保留一定的競爭力。

1.4.2 當舖面臨的問題

開拓客源

現時全球都在加強銀行等金融機構的風險管理，以維護金融體系安全穩健地運行，所以受監管的金融機構在借貸前會評估合規、信用、市場以及操作等風險，沒有固定收入或低收入人士，相對較難向銀行、財務公司借款，卻可以轉投當舖尋求協助，這樣金融機構及當舖形成互補的作用。然而，這也局限了當舖的客源。

當舖的經營方式被動

傳統當舖有固定客源，不會「逼」顧客入門。不過，現在有一些當舖會在臉書（Facebook）開設帳戶，宣傳「流當品」，吸引潛在顧客購買二手名品名錶、金器首飾等，並且藉著社交平台通知客戶於公眾假期的營業時間。亦有當舖藉著「周年大酬賓」派送利是，吸引客戶。

經濟疲弱不利於銷售典當物品

環球通脹持續高企引致經濟衰退，香港作為國際金融中心，亦不能獨善其身；物價上漲，市民的購買力就會減少，生活水平下降，當舖在經濟艱難的日子，生意額應該會提高，可是，通脹惡化也會影響日後售出流當品的價格，令當舖經營難上加難。

當舖對年青人不具吸引力

一般當舖都是家族經營，年輕一代如果接受了高等教育，成為專業人士，大都不會回當舖接手經營，這也成為典當業承傳的阻礙。再者，典當業從業員每日會接觸不少高價典當品，所以估值經驗非常重要，而且接收賊贓會令當舖蒙受損失；加上品格操守是入職的重要條件，所以當舖除了由家族成員接手外，一般也只接受熟人介紹者才能受聘。

1.4.3 典當業前景

傳統的家庭式經營與集團式經營

香港當舖大多為傳統家族式經營，個別地理位置佔優的可能會被大集團收購，甚至有集團在香港上市。不過，小型個體戶當舖多做熟客街坊

集團式經營當舖

生意，人情味較濃，熟客逾期未贖回典當物或未續當，當舖會打電話提醒，而集團式經營則會更商業化，所以兩種營運模式可以照顧不同類型的客戶。

以電腦科技取代人手

由於社會進步，當押品已經沒有從前的農業工具、裝修器材、棉被等大型物件，當舖亦無需大量人手去搬運及處理這些押品，但基本的文書工作仍需處理，所以不少當舖也採用電腦去協助處理當押流程，坊間也有一些專門為當舖行業處理記錄及入賬的軟件，故此，人手需求也大為減少；另外，警方與當舖每日的聯繫，包括當舖憲報（pawnshop gazette）也經由電郵發出，互通報失物件資料，可以協助當舖查核當押品是否贓物，加強當舖內部監控，並保障當舖減少損失。近年不少當舖亦會運用 Facebook、Carousell 等平台以宣傳斷當物品，吸引二手買家。甚至有當舖利用智能科技去招徠客戶，有集團式的當舖推出手機應用程式，讓客戶可以透過在線估價。

大興大押於中環歐陸貿易中心門市

從業員需要與時並進，持續進修

從前拿到當舖典當的物品，估值方法大概根據工具及器材的耗損程度、棉被採用的布料手工及耗損情況等項來衡量，現今典當物品日新月異，手機、手提電腦、平板電腦，各種物品的品牌及型號琳瑯滿目；而且，近年莫桑石以及在實驗室培育出來的「培育鑽石」、「人造鑽石」，幾可亂真，與「開採鑽石」價格相差很大，從前朝奉用鑽石去劃玻璃的測試方法去辨別真假，或者按照鑽石有否具有天然瑕疵來鑑別，可能已不足以評估鑽石的真偽。所以當舖職員需要留意市場最新動態、二手買賣行情，必須與時並進，持續進修。

開拓外地人士市場

本地市民如果有固定職業、入息證明，他們需要周轉，可以循不同的途徑在金融體系中融資，所以當舖在爭取這方面客戶的競爭力較弱，相反，一些沒有固定職業或工資證明的人士，又或是外籍傭工、內地旅客，當舖則可以提供他們一個融資平台。故此，有些當舖會聘請東南亞人士作為職員，以應付外傭市場。

中資及外資當舖

除了靄華押業信貸有限公司（靄華押業，股票編號：1319）為全港首間押業公司在香港聯交所上市之外，內地短期抵押融資服務供應商中國匯融金融控股有限公司（中國匯融，股票編號：1290）亦於香港聯交所上市，根據其 2022 年年報顯示，中國匯融透過子公司蘇州市吳中典當有限責任公司、長沙市芙蓉區匯方典當有限責任公司及南昌市匯方典當有限公司從事向客戶提供有抵押的典當貸款業務。隨著疫情完結，內地市民可以自由來港，中資當舖亦可能往香港拓展典當業務。

新加坡上市公司 Aspial Corporation Ltd. 利華珠寶（股票編號：SGX: A30/ASPA.SI）前身是 Maxi-Cash Financial Services Corp Ltd.，通過典當、放債，珠寶和品牌商品的零售和貿易 3 個部門運作，擁有超過 50 間實體店遍佈於新加坡及馬來西亞，按其 2022 年年報顯示，集團通過子公司 Maxi-Cash (HKI) Co. Ltd.（大興大押）在香港營運典當業務，現時有兩間香港門市，分別設於中環歐陸貿易中心及環球大廈，門市員工大部分為菲律賓人，客戶先取籌碼，然後按照近門位置的屏幕顯示，與店內的客戶服務員聯絡。店舖佈置與香港傳統的當舖風格截然不同，沒有傳統的設計，反而裝修簡單明亮，予人燈火通明的感覺。簇新的設計，可能也是吸引年輕一輩去當舖周轉的途徑，因為沒有高高的櫃檯、高高在上的朝奉，客戶就不用承受那種壓迫感及無形的心理壓力。

店舖也會在網頁上推出優惠，例如金飾手工半價去吸引客戶。

2. 澳門當押業的經營與現況

2.1 澳門關於當押業的重要法規，包括反洗黑錢監管

自澳門回歸以後，由葡萄牙政府頒佈的《澳門市當按押章程》已廢止，目前澳門典當業一直沿用傳統的交易慣例，尚無相關專門法律，其規管只散見於《澳門民法典》和《澳門商法典》等條文，例如《澳門民法典》中便有有關質權的法律規定。根據《澳門民法典》的規定，質權可分為「動產質權」和「權利質權」。澳門當舖的經營範圍一般僅限於「動產質押」。[9]

澳門當舖的監管機構為司法警察局，因此在第 5/2006 號法律《司法警察局》第四條，當中第一款及第三款中的規定適用於當舖業：

> 第一款（一）、在預防犯罪事宜上，司法警察局尤其具有職權注視並監察下列地方：（一）進行交易、收集或修理曾使用物件（尤其是車輛及其配件）及古董的一切場所及地方，以及押店與珠寶店；
>
> 第三款（三）、第一款（一）項所指場所的所有人、管理人、經理或經營人須按司法警察局規定的條件及期限，向該局送交載明交易參與人身份資料及交易物種類的完整交易紀錄，而有關交易紀錄須以該局提供的專用表格填報。

為預防犯罪，經營押店的人士有義務向司法警察局提供上述資料，包括顧客名單、典當物的詳細資料、典當金額。即使沒有生意，也要交上一張蓋了當舖印章的空白表格。[10] 為了核實相關的商業活動，押店店主亦應向司法警察局遞交財政局 M1 開業／更改申報表副本、其身份證明文件副

9　高菲：〈澳門典當業及其立法：傳統、現狀和改革〉，《澳門研究》，2016 年。
10　〈浴火新生的澳門當舖〉，《澳門雜誌》，2011 年。

本及通知信，以便司法警察局日後聯絡店主及跟進相關的交易紀錄。[11] 因此要在澳門開設一間押店，與設立普通公司一樣需要申請商業登記，再向司法警察局提交相關資料便可完成，並不需要領取特殊牌照。

典當業雖然也是一種金融活動，但在澳門的法例上，典當業卻被特意排除在外。根據澳門第 32/93/M 號法令核准的《金融體系法律制度》，押店之活動不屬制度訂定適用於在澳門地區從事金融活動之總法律框架。[12] 不過根據第 30/99/M 號法令《財政司新組織法》規定，稅務稽查處有權監察抵押店之活動。[13] 另外在第 2/2006 號法律《預防及遏止清洗黑錢犯罪》內也有提及對典當業的規定：[14] 從事質押業的實體，須履行以下義務：

（一）對合同訂立人、客戶及幸運博彩者採取客戶盡職審查措施，包括識別和核實身份的義務；

（二）採取偵測清洗黑錢可疑活動的適當措施；

（三）拒絕進行有關活動，如不獲提供為履行上述兩項所定義務屬必需的資料；

（四）在合理期間保存涉及履行（一）及（二）項所定義務的文件；

（五）舉報有跡象顯示有人實施清洗黑錢犯罪的活動或實施未遂的有關活動，不論其金額為何；

（六）與所有具預防和遏止清洗黑錢犯罪職權的當局合作。

由於中國內地對資本實施管制措施，內地賭客到澳門只可以攜帶一定限額的資金，因此不少內地賭客就到澳門的當舖以銀聯卡購買商品，再隨

11 澳門司法警察局網站，網址：https://www.pj.gov.mo/Web//Policia/law0203/20160216/1343.html
12 澳門印務局網站，網址：https://bo.io.gov.mo/bo/i/93/27/declei32_cn.asp
13 澳門印務局網站，網址：https://bo.io.gov.mo/bo/i/99/27/declei30_cn.asp
14 澳門印務局網站，網址：https://bo.io.gov.mo/bo/i/2006/14/lei02_cn.asp

即當掉商品以套取現金，當舖則從中收取差價利潤。有的當舖甚至直接為客人刷卡套現，收取一定數額的佣金，高峰時期一間當舖一日為客人刷卡套取的現金可達上千萬澳門幣。因而當舖成為避開資本管制、獲得資金的重要途徑，若監管不力，很有可能成為洗黑錢的渠道。[15]

2.1.1 典當業繳納稅金準則

澳門典當業很多同時經營金飾珠寶零售生意，所以一般會開設兩間公司，一間為押店，一間為珠寶店，都與一般工商業一樣需繳納以下稅款：

營業稅

凡個人或集體經營任何工商業性質的活動，均須繳納營業稅。稅率按經營業務而定，經營當舖或珠寶店每年的固定費用都為澳門幣 300 元正。[16] 澳門的營業稅其實相當於每年的商業登記費用或牌照費用。

所得補充稅

所得補充稅是自然人及法人，在本地區取得工商業收益作為課徵的對象。所得補充稅屬累進稅，稅率由 3% 至 12%；可課稅收益在澳門幣 30 萬元以上者，稅率為 12%。

15　高菲：〈澳門典當業及其立法：傳統、現狀和改革〉，《澳門研究》，2016 年。
16　澳門印務局網站，網址：https://bo.io.gov.mo/bo/i/77/53/lei15_cn.asp

2.2 澳門當押業的經營手法及主要顧客群

2.2.1 以賭客為主要借款對象

現在澳門當舖的借款對象主要以賭客為主，因此也都開設在賭場周圍，主要集中於新口岸和葡京酒店一帶，而且跟隨賭場 24 小時營業。當舖的門店都會用傳統的「蝠鼠吊金錢」符號，上面寫著大大的「押」字，而取名一般都是像「百利」、「必勝」這樣吉利生財的字樣來吸引顧客。顧客抵押物品借款，當期最長 4 個月（包括 3 個月正常當期及 1 個月續期），按照利率 5% 的月息收取利息，不收取其他任何費用，不滿一個月亦收取一個月利息。[17] 而且當舖計算當期，都以農曆月份為準，且過了一天也算一個月利息；農曆比公曆每月少一兩天，對當舖有利。[18] 每間當舖有一個自定的「字匭」，即以一個字代表一個月份。當舖朝奉一看當票上的「字匭」，便知道客人當了幾個月，是否斷當，方便計算利息。另外部分借款的賭客來自香港，因此不少當舖還提供「港九取贖」的服務，即在澳門當舖抵押的物品，只需加一些手續費，就可以在其有聯繫合作的香港當舖贖回，避免再到澳門一趟。但目前當舖的主要客源是來自內地的賭客，因此當舖的門口都貼上「歡迎使用人民幣／國內卡」的字樣。

2.2.2 典當借款金額成數高，典當物品有局限

持物典當借款，一般當舖都會趁機壓價，以謀求最大的利益。但是澳門的當舖押價一般不會太低，通常可押貨物價值的九成。這是因為整條街都是

---

17 高菲：〈澳門典當業及其立法：傳統、現狀和改革〉，《澳門研究》，2016 年。
18 黎東敏：〈當舖的人與物大變臉〉，《澳門雜誌》，2011 年，總第 79 期。

押店招牌旁都貼上使用「國內卡」的字樣

當舖，而客人都很精明，不滿意當舖提出的價格就會到另外一間，價格合心意才會典當。當舖想要做成生意，便不能出價太低。而且現在典當物品一般僅限於動產，通常只局限於金銀首飾、珠寶鑽石、高檔手錶、名牌鋼筆、手機等高價值的物品，方便小型押店辨認及儲存管理。對於手提電話這樣的電子產品，由於款式價格變化快，很多當舖只會開出一個月的典當期限；至於汽車、房地產等抵押貸款業務，則不屬澳門當舖的經營範圍。

由此可見，現今澳門當舖服務的客群和收當物品都有不少變化。（見下表）

澳門當舖客群、典當物品之階段變化

行業階段	客戶群體	典當物品
1961 年之前	本地賭客、普通民眾	日常用品，少量貴重物品
1961-2002 年	普通民眾、外地旅客（以香港賭客為主）	日常用品、名錶、首飾、珠寶
2002 年之後	普通民眾、外地旅客（以內地賭客為主）	名錶、首飾、珠寶、名筆、手提電話

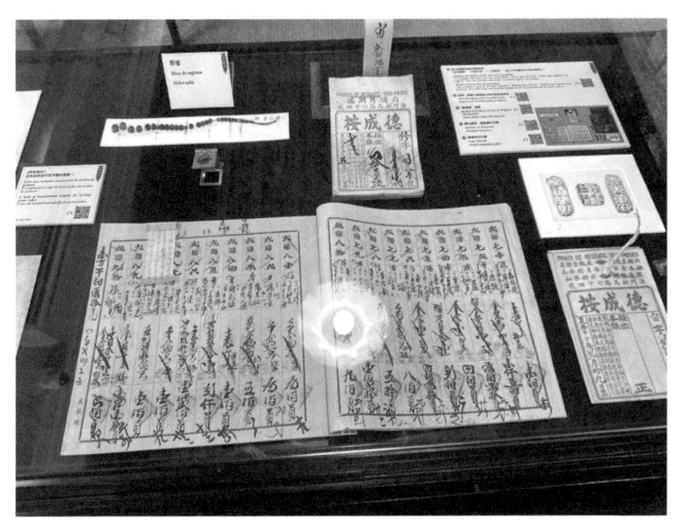

昔日當舖的賬簿及當票

2.2.3 以經營商品零售業務為主

自從開放賭權及有內地自由行後，到澳門的旅客數量激增，有不少旅客不一定主要為賭而來，這部分旅客較少會到當舖典當物品，一是將來取贖不方便，二是沒有這方面的需要，因為隨著時代進步，即使旅客需要資金或賭本也有很多簡便的方法，如直接在銀行櫃員機提取現金，使用電子錢包，最後才可能是典當身上的物品。這些旅客到當舖多數是購買各種商品，零售業務逐漸成為當舖主要收入的來源。為了迎合這些旅客的需求，澳門當舖的外觀也開始變得像珠寶店一樣，招牌除了押店名稱，也會有「鐘錶珠寶金行」等字樣，櫥窗陳列出各種名錶、金飾、珠寶等，也有專門的零售服務人員，零售區域佔據了當舖大部分店面，而典當櫃檯則縮為一個窗口。當舖出售的貨品一般較市面便宜，而且很多已經不是二手流當品，全新的商品佔約 70%。無論是新舊名錶、首飾都可以在當舖找到，且價格實惠，因此受到旅客喜愛。

澳門當舖外觀櫥窗如零售店一樣

2.3 澳門當押業的經典人物

2.3.1 高可寧

有省港澳「典當業大王」之稱的高可寧於 1911 年前往澳門投得番攤館（即賭場）的經營權，設立德成公司，之後也開設典當業務，成立德生按、德成按等大型按押店以及銀號。除了在澳門，高可寧也在廣東、香港等地開設了多達 140 多間按押店。在民國年間澳門屈指可數的數間大按中，其中的 3 間，高可寧都是主要股東。除了當時最大的「德成按」，還有「高陞按」（1936 年開業）與「德生按」（1939 年開業），均為民國時期澳門最著名的當舖。[19]

19　趙利峰：《樂善好施：高可寧與德成按》，澳門：澳門特別行政區政府文化局，2020 年。

2.4 今天業務的機遇與挑戰

2.4.1 典當業萎縮轉型零售

比較傳統當舖和澳門今日的當舖外觀，便可知道經營典當的空間大大減少，因為典當的人越來越少了。經濟快速發展，居民收入提高，一般民眾很少需要典當物品融資。澳門當押業總商會會長曹展良表示：「在七八十年代以前，當舖的主要收益來自典當利息；今天，接近酒店娛樂場的當舖，典當收入還可佔總收入的四至五成，其他僅是二至三成，主要還是零售。隨著社會經濟發展與經濟形態的轉變，典當生意現在是低潮，當舖都轉型了，一定要增加零售業務。」[20] 可以發現，在八九十年代，澳門每年只有幾百萬旅客，但當舖生意火紅，每天可當入幾百件貨品。現在雖然每年有兩千多萬旅客，除了在賭場附近地區外，典當生意反而減少。

因此澳門的當舖不得不發展零售業務來維生。過去當舖主要銷售流當品給香港客人，收入並不多，如今的澳門當舖則變得好像珠寶首飾店。因為內地旅客大增，且內地居民收入提高，以及人民幣升值等因素，很多內地旅客到澳門購買奢侈品，消費力很高。當舖也抓住機遇，轉型零售經營，無論新舊名貴手錶、首飾等都可以在當舖買到。而且當舖銷售的也不再只是流當品，大部分都是全新商品，但價格比一般的店舖便宜 10% 至 20%，以薄利多銷來吸引顧客，因此旅客也喜歡到當舖購物。

2.4.2 缺乏專業人才及鑑定儀器，增加風險

朝奉是當舖的靈魂人物，不僅要對不同種類的貴重商品有充足的認識

20 黎東敏：〈浴火新生的澳門當舖〉，《澳門雜誌》，2011 年，總第 79 期。

和鑑別能力，也要熟悉商品的潮流去向、市場價值，才能在收當時給予適當的價格及避免收到假貨。澳門典當業目前在專業人才的培訓上，還是採取較為傳統保守的做法。首先在當舖從業大多要有親戚朋友介紹入行，而從業人員的培訓仍然是師徒傳承制，學徒一邊在當舖工作，一邊積累經驗，一般並沒有學習專業的鑑定知識。再加上當舖 24 小時營業需要輪班，工作時間長，現時入行的人也比較少，學徒很多時候未夠經驗就要開始擔任朝奉的工作，導致經營風險也大了。澳門曾經就發生過有人用假金鏈一天之內連環騙取 7 間當舖，而且這種騙案至今也不時出現。隨著科技產品的推陳出新，現在不少人會典當貴價手提電話，所以當舖的朝奉除了要掌握一般傳統典當物品，如金飾、名錶的知識，還必須緊貼潮流，了解這些產品最新形勢。

除了因為典當業專業人才青黃不接，難以識別假貨，也由於現在的造假技術越來越高，在缺乏專業儀器下，只憑肉眼和簡單工具分辨，實在難以保證收當貨品的質素，不少當舖都會因此遭受損失。雖然典當時會記錄持當人的資料，但現在針對當舖的騙徒一般都是外地人，得手之後便馬上離境，即使報警也難以追查。

不僅要面對假貨，當舖還需要防範另一大風險「賊贓」。「賊贓」雖然不常有，但若店舖不小心當入，就損失很大。因為被發現後，贓物要物歸原主，當舖只能自行承擔損失。所以現時每間當舖會儲存一些被盜財物的資料，每有客人求當，朝奉都會先查證是否贓物。但在無法第一時間掌握失竊財物資料的情況下，當入賊贓仍難避免。[21] 而當舖並沒有在這方面的保險可投，一旦發生事故，便只能自負損失。

除了傳統收當物品面對的風險，由於現時當舖大部分業務已轉為零售，而旅客多用刷卡形式付款，當舖還需要面對收到假卡的風險。

21　黎東敏：〈浴火新生的澳門當舖〉，《澳門雜誌》，2011 年，總第 79 期。

2.4.3 行業競爭大，舖租昂貴

澳門的當舖與博彩業息息相關，自從開放賭權以來，內地旅客來澳門數字屢創新高，典當業也迅速發展擴展，由初期全澳只有六七十間當舖，發展到最高峰時期有超過 170 間。當時不少投資者選擇開設當舖，令典當業在最旺的時期出現過一個月十幾間當舖開張的盛況。不少賭場旁邊的整條街道幾乎全部都是當舖，形成「當舖街」的景象，因而行業之間的競爭非常激烈。另外當舖的位置都是接近賭場的貴價地段，舖租自然高昂，一個三四百呎的舖位，每月租金可以高達五六十萬。[22] 每當經濟不景氣或博彩業下滑的時候，面對激烈競爭和高昂租金，總是有部分當舖倒閉。

2.4.4 澳門當舖中存在的違法違規行為

自從開放賭權及內地自由行後，澳門的博彩業十分興旺，很多內地賭客到澳門的主要目的都是進入賭場，並非旅遊購物。賭博往往需要大量資金，但因內地對資金外流有管制，這些賭客於是在入境澳門後到當舖使用銀聯卡套取現金。所以不少澳門當舖的業務都改以協助內地賭客以刷卡套現為主，從中謀利。因此在 2014 至 2018 年期間，澳門金融管理局多次發出針對包括當舖在內的商店關於限制銀聯卡的措施，如要求停止向賭場範圍內的珠寶店、當舖等提供銀聯卡收單服務，或要求更換附有身份辨證系統（KYC）的銀聯卡機。更換新機後，使用銀聯卡的內地旅客均要出示身份證明文件，並須將資料讀入銀聯卡機內。[23] 不過這些措施仍然難以控

---

22 〈賭業衰退　周邊行業如何自救？〉，論盡媒體，每週專題，2015 年 7 月 3 日。
23 〈傳澳門刷銀聯卡要出示身份證　濠賭股未見沽壓〉，明報新聞，2016 年 5 月 9 日，網址：https://finance.mingpao.com/fin/instantf/20160509/1464066264665/

制賭客到當舖刷卡套現，最後澳門金管局直接要求銀行收回當舖的刷卡機。面對失去巨大的利潤，部分當舖不惜鋌而走險，轉用從內地非法獲得的刷卡機維持刷卡套現業務。

另外為了保持每日有足夠的現金，一些當舖開始集資，甚至與賭場合作，以高息招攬存款，再把集資的款項放在賭場借給賭客以收取更高的利息。但近年來博彩業業績持續下滑，也有越來越多賭客賴賬，這些非法集資的當舖開始無法收回款項，停止向存戶發放利息，最後更關門倒閉，很多存戶遭受巨大的金錢損失。這些違規違法行為，對於澳門典當業持續的發展、澳門民眾對典當業的看法，無疑起了消極作用。而澳門一直沒有針對典當業的專門法規，也不用領取行政牌照，這也可能是讓此行業容易形成違法行為、監管漏洞的原因。

2.4.5 對博彩業過分依賴

在博彩業興盛的時候，典當業也向好，但當博彩業收入持續下滑的情況下，由博彩業帶來的旅客消費力下降，當舖的業務也受到很大影響，澳門的典當業隨著博彩業跌宕起伏，無疑是因為過分依賴博彩業，這與其他國家和地區的當舖有很大分別。尤其在新冠肺炎疫情下，澳門賭場關閉，幾乎沒有旅客，本身已經不景氣的典當業更是面對前所未有的衝擊，很多當舖只能關門倒閉，有業者形容疫情是「壓死駱駝的最後一根稻草」。

有學者認為作為民間融資的重要手段，澳門當舖應當降低對博彩業的依賴性，找準定位，開展諸如房地產抵押、汽車抵押、機器質押等業務，既能為中小微企業提供融資服務，也能擴展業務範圍，增強競爭力。[24]

---

24 高菲：〈澳門典當業及其立法：傳統、現狀和改革〉，《澳門研究》，2016 年。

2.4.6 民生當舖與賭客當舖：總結比較與分析

澳門作為世界三大賭城之一，造就了當舖與賭場共生的特殊情景。澳門絕大部分當舖成為博彩旅遊業的附屬行業，客戶群體十分單一，幾乎只有外地賭客才會光顧，而且主要以內地旅客為主。除了典當業務流程及物品基本一致，在其他方面賭客當舖與一般的本地民生當舖有著很大的分別。

當舖類型	客戶群體	營業時間	店舖位置	其他業務	收入來源
民生當舖	本地普通民眾	一般為早上 9 點至晚上 7-8 點	居民區	銷售流當品	以典當收取利息為主，銷售流當品為輔
賭客當舖	外地旅客／賭客（以內地客人為主，小部分為香港客人）	24 小時營業，全年無休	賭場周圍	以全新商品（名錶，珠寶首飾等）為主的零售業務，為客人提供刷卡套現服務	以銷售商品利潤及賺取刷卡套現差價為主

傳統的典當業主要是為人們提供融資的管道，以當地民眾為對象，屬於金融服務行業。而澳門的典當業卻發展成為博彩旅遊業的相關行業，與賭場共用客戶群體，形成共同的市場基礎，並在貴重商品的零售市場佔據重要位置，傳統方式的典當業務則逐漸萎縮。

3. 中國內地當押業的經營與現況

中國內地的典當業，從改革開放初期時的無序復興，到由亂而治，經歷了四個階段。在這 30 多年中，中國經濟發展快速前進，但也風雲變幻。典當業復興的歲月注定是曲曲折折、波瀾起伏。現在作為「特殊工商企業」受商務部門和公安部門聯合監管，它雖復出 30 多年，卻依然沒有完成行業立法，現在深陷發展困境，面臨行業定位與發展方向調整。

3.1 當押業的重要法規

中國是有著悠久的封建中央集權歷史的國家，在國家法制方面的突出表現為「重刑輕民」，即刑法比較健全，但民商法卻相對薄弱。因此，對於典當這一民事行為，在中國漫長的封建時期裡卻幾乎沒有專門的法規加以規範，只是在其他法規中以零星的條款提及。這樣的情況直至民國時期才開始有所改變。中國典當業再生後，關於是否應當統一立法，一直存在較大的爭議。新政權建立後，典當業一度被禁止，當時已無須借助特別法例規管典當業。對於民間還存在的一些典當行為，僅需逐步調整舊政府政策和司法解釋即可。自典當業回潮後至今，關於典當行業的立法以及規範，政府管理層和法律界仍然未能形成統一的意見。

30 多年來中國內地典當行業的主管部門更替頻繁。典當企業的定位也在不斷變化，從最初的「金融機構」，到「特殊工商企業」，再到「比較特殊工商企業」，同時其對應的法律法規也在不斷調整。截至目前，涉及典當業的重要法規包括《典當管理辦法》、《民法通則》、《物權法》、《擔保法》、《合同法》等。

《典當管理辦法》自 2005 年 4 月 1 日起施行，包括典當行的設立，變更、終止、經營範圍、當票、經營規則、監督管理、罰則、附則，共 9 章 73 條，是規管典當業最主要的法例。《典當管理辦法》的實施加強了典當行業的監督管理，促進了行業的健康有序發展。但是在多重法規及司法解釋規範下，《典當管理辦法》的實施也存在一些問題：

《典當管理辦法》的地位及效力低

從法律的角度考慮，《典當管理辦法》可視為行政規章，其地位和效力低於法律法規，因此在立法管理層面產生兩個不利於行業發展的後果：一是在部門管理許可權方面，當國務院其他部門或地方立法部門制定相關規定時，會造成多部門管理混亂；二是在管理效力方面，國務院其他部門或地方立法部門制定的相關規定與《典當管理辦法》可能存在衝突的情況。儘管《典當管理辦法》對典當行作了全方位規定，但由於沒有全國統一的權威立法，在執法機構具體執行，特別是進入法庭程序時，存在較大的主觀選擇空間。典當行業在經營和發展過程中出現的眾多糾紛，可以歸結到相關管理部門的行業規定與地方立法規定的不一致，甚至一些行為的有效性只能通過最高人民法院或主管機關的「釋法」予以確定。

《典當管理辦法》部分規範缺乏可行性

《典當管理辦法》中部分規範較為簡略。例如，雖然在《典當管理辦法》中，典當企業被允許設立分支機構，但其分支機構的法律地位卻並未有明確的規定。此外，《典當管理辦法》第五十三條一般規定，公安機關應當依法扣押贓物，並依據當時國家相關條例規定處理。這裡「國家有關規定」的界定並不清晰，因此在實踐中難以執行。對於當物毀損，典當行應該如何賠償也沒有詳細的規定，只能依據《民法通則》的相關規定處理，使《典當管理辦法》的作用大為降低。按照《典當管理辦法》規定，房地產、汽車等斷當後，當戶應到典當行登記過戶手續，但實際上常有當戶拒絕履行。因《典當管理辦法》與公安部門的車輛登記管理規定缺乏銜接，此時若典當行單方面辦理過戶手續，通常被有關部門依法拒絕等等。

《典當管理辦法》與典當業相關的主要法律存在衝突

涉及典當業的法律主要包括《擔保法》中有關質的規定，商務部和公安部聯合頒佈的《典當管理辦法》、《公司法》中關於公司設立和營運的規定，國務院其他部門頒佈的涉及典當業的規章、地方政府有關典當業的政策等等。由於「政出多門」，並且相關的規範和法規可能存在衝突，因此典當業的監督管理顯得尤為困難，這也嚴重影響了典當業的發展。其中最為業界所詬病的是《典當管理辦法》與《擔保法》之間的衝突。根據中國《擔保法》的規定，質權是一種營業質權，流質約定無效，而根據《典當管理辦法》，典當不僅是一種營業質，出質人還可以不動產抵押來獲得融資，質權人因此獲得抵押權，這表明典當企業因典當行為所獲得的權利與營業質權有所不同，因此，《典當管理辦法》中承認流質約定有效。這種情況究竟適用於《擔保法》還是《典當管理辦法》呢？從法律效力層次看，前者的效力無疑高於後者，但從一般法與特別法的關係看，後者又應優先於前者，典當業者因此無所適從。

《典當管理辦法》與傳統習慣的衝突

《典當管理辦法》缺乏對典當實踐的重視以及對典當習慣的考量。這一點在對典當物的處理中有充分的體現。絕當指當戶在期滿後因無力或無意願進行贖當或續當。絕當處理的關鍵在於對典當合同性質的認定。《典當管理辦法》第三條將典當合同性質認定為質合同，《擔保法》第六十六條禁止質合同中訂立流質契約，為了與《擔保法》的規定相銜接，《典當管理辦法》規定死當物品，3 萬元以上可以委託拍賣行公開拍賣，拍賣的收入在扣除貸款本息和典當及拍賣的費用後，剩餘部分應當退給當戶。然而在實踐中，典當行通常在合同中約定，當發生絕當時直接收取典當物的所有權。儘管與《擔保法》的規定相違背，但在交易中，企業和個人並沒有因此發生重大損失，甚至增加了收益，並且缺少足夠的證據證明流質契約確與典當業糾紛數量的關係。該行為並沒有嚴重破壞社會生產和經濟秩序，因此監管部門並沒有為此採取更為嚴格的監管措施。

依據行業慣例，各地典當行大多開展了金銀抵押貸款業務和金銀買賣業務。人們在急需資金時，也願意並習慣於抵押金銀首飾進行貸款。然而在中國，金銀屬於限制流通物。根據《金銀管理條例》第七條的規定：「在中華人民共和國境內，任何單位和個人不得計價使用金銀，禁止私相買賣和借款抵押金銀。」雖然隨著改革開放的發展，禁止金銀抵押的規定已不是堅不可催的禁區，各地的典當行幾乎都經批准開展了金銀典當業務，但只要政策收緊，無疑涉及金銀材質產品的買賣及其典當抵押都可以判定違法而收繳。

《典當管理辦法》中管理與交易自由的平衡不足

典當業是極為特殊的行業。一方面作為資金融通的工具，典當業對社會經濟有重要的影響，因此需要從嚴管理。但另一方面，典當業與中下階層市民以及中小微企業聯繫緊密，應具有一定的靈活性，因此需要保證交易自由。如何保證二者之間的平衡一直是個難題。《典當管理辦法》更加強調從嚴管理，而忽視了交易自由。例如規定典當行不得經營非絕當物品的銷售以及舊物的收購、寄售，動產抵押業務，集資、吸收存款或者變相吸收存款，發放信用貸款等業務。這些規定阻礙了典當業的進一步發展。在一些典當業發達的國家，典當行的經營範圍非常廣，典當行不僅經營典當業務，還做一些商品零售業務，包括新舊產品的銷售。一間典當行通過多種業務可以降低經營風險，增加盈利，有利於典當行的經營穩定，也更符合民眾的需求。此外如上一小節所述，《典當管理辦法》在對絕當物的處理上與典當的傳統相悖，使典當業喪失了營業質的性質而類似於一般的質貸款。由於利潤減少，典當行失去了部分經營動力。

3.2 經營手法及主要顧客群

中國內地典當行按其資本所有權不同，可劃分為私營、合夥制、有限責任制、股份制、國有、集體等 6 種形式。其中，「有限責任制」形式佔主導地位。經營模式一般與資本所有權形式及地域經濟發展水平有一定關係。

3.2.1 典當行的性質

中國內地絕大多數典當行均以有限責任公司形式組建，在組建的實際過程中，股本真實結構又可分為四類：一類是純私人資本，即以兩個或兩個以上法人股東以及若干自然人股東投資組建，但所有股東出資只是形式，大多數典當行的實有資本實際屬於一個老闆。二類是民營資本，即由若干私人資本組成的民營企業聯合組建。三類是純國有資本，即所有法人股東是一個企業或單位系統內相關聯的幾個國有企業，由它們共同出資組成。四類是混合資本，即股本由多種所有權構成，既有自然人私有股份，又有民營企業股份，還有國有企業股份。

據粗略統計，目前中國內地現有典當行中，民營性質佔 70%，國有性質佔 10%，其他佔 20%。無論哪一種所有制性質，典當行都要為適應市場經濟強化經營管理，企業所有制性質並不能絕對代表企業制度的優劣，不同的所有制採取的管理方式和制度可能不同，但現代典當行管理關鍵要看企業體制運行效率、內部組織構建及管理系統的完整。

3.2.2 典當行經營範圍及相關要求

中國《典當管理辦法》規定：經批准，典當行可以經營下列業務：

（一）動產質押典當業務；

（二）財產權利質押典當業務；

（三）房地產抵押典當業務；

（四）限額內絕當物品的變賣；

（五）鑑定評估及諮詢服務；

（六）商務部依法批准的其他典當業務。

典當行不得經營的業務如下：

（一）非絕當物品的銷售以及舊物收購、寄售；

（二）動產抵押業務；

（三）集資、吸收存款或者變相吸收存款；

（四）發放信用貸款；

（五）未經商務部批准的其他業務。

3.2.3 典當行的經營流程

中國內地典當業的基本流程包括收當、當物保管、受理續當與掛失、贖當和絕當物處理 5 個部分，具體如下：

1. 當戶出具有效證件交付當物；

2. 典當行受理當物進行鑑定；

3. 雙方約定評估價格、當金數額和典當期限並確認法定息費標準；

4. 雙方共同清點封存當物由典當行保管；

5. 典當行向當戶出具當票發放當金。

不同性質典當業務需要提供證件和辦理手續是不一樣的：

1. 民品 *：本人身份證，如能提供物品發票可適當提高當價；

2. 房產：戶主身份證、戶口本、房屋所有權證、土地使用證等，需現場察看房產；

3. 股票：本人身份證、股東帳戶卡，一般需簽約監控；

4. 車輛：本人身份證、汽車有關證件；

5. 物資：本人身份證、相關財產證明；

* 民品即金銀飾品、珠寶鑽石、電子產品、鐘錶、照相機等。

典當期限屆滿或續當期限屆滿後，當戶應在 5 天內贖當或續當，逾期不贖當或續當即為斷當。斷當物價值金額不足 3 萬元的，典當行可以自行處理；如價值超過 3 萬元的，可以按《擔保法》有關規定處理，也可以雙方事先約定絕當後由典當行委託拍賣行公開拍賣。去除拍賣費用和當金本息後，典當行需要將拍賣收入的剩餘部分返還當戶，而不足的部分則可向當戶追討。

3.2.4 典當行的經營原則

在內地無論什麼性質的典當行，作為企業的經營目標必然是為了獲得最大的利潤，為了實現這一目標，典當行在其業務經營中遵循一定的經營原則，並在各原則之間協調，使其趨於統一。

典當行的利潤主要來源於典當資金發放而收取的利息和費用。但典當業務本身存在諸多風險，因此，典當行只能在保證資金安全的前提下，追求最大限度利潤。而要保證資金營運安全，就應當保持典當貸款資產的高度流動性。但過高的流動性可能造成典當資金的閒置時間相對延長，這又與盈利性之間存在矛盾。因此，典當行的經營管理原則就是在保證安全性、流動性的前提下，爭取最大的盈利，一般概括為安全性、流動性、盈利性，簡稱典當貸款「三性」原則。

典當貸款的「三性」原則，在典當行經營管理中既相互矛盾又相互統一，是一種對立統一關係。一般來講，安全性與流動性成正比例關係，流動性和盈利性成反比例關係。安全性越大，流動性越強，盈利性就越低；相反，安全性越小，流動性越弱，盈利性就越高。但三者之間又相互依賴、相互促進。從根本上看，它們共同保證了典當行經營活動的正常進行。流動性是實現安全性的條件和必要手段，安全性是實現盈利性的基礎和前提，而追求盈利，則又是安全性和流動性的最終目標。中國典當行在具體業務經營過程中，一般選擇一種最佳資產組合方案，使三者達到協調統一。

3.2.5 典當行的經營模式及服務物件

目前，中國內地典當行普遍為連鎖經營模式。通過遍佈城鄉的連鎖店，典當行在典當、寄售和拍賣等環節可以實現經營網絡資源的共享和優化配置。同時，連鎖經營模式可以說明典當行在評估、銷售、管理以及服務等方面的標準化，有效提升典當行的品牌形象。現代化的典當行主要表現為管理一致、控制力強、中心穩固、接近客戶、獲利性高。同時典當行高度重視變賣、拍賣、寄售和零售等 4 種運作方式發展。

典當業的市場環境在不斷變化，典當企業經營模式的選擇無疑十分重要。從市場發展方向、產品結構、風險控制和營運管理方式等方面來區分，中國內地典當企業的經營模式主要存在 5 種形式：

一般模式：該模式產品結構以房地產抵押業務為主，以自有資金投入為主，以房地產當物的足值性和變現能力為風險管理主要手段，產品收益較高，對典當行融資能力、風控能力、產品開發能力和市場拓展能力的要求較低。該模式適應於全國二線及以下區域的典當市場，也是全國絕大多數典當企業選擇的主流業務模式。

一般模式是絕大多數中國內地典當企業選擇的主流業務模式，該模式在 2014 年以前主導了中國典當行業「黃金十年」的輝煌。隨著中國新常態經濟時代的到來，經濟增長減速、貨幣市場收緊、房市調控力度加大。助力典當業高速發展的「風口」不在，典當業發展的外部環境惡化，二線及二線以下市場環境惡化尤其嚴重，該模式的系統性風險高發，大多數典當企業業務不良率迅速上升，資產固化，流動性陷於枯竭，行業虧損面快速加大。

北京的中利金海典當行

北京模式：依託一線城市的房產市場保持良好的勢頭，房價堅挺，交易活躍，以房產抵押為主要產品的典當業務模式。北京、上海、廣州、深圳等一線城市的典當企業大多數採用該業務模式。

北京模式與一般模式除了區域市場不同外，其他要素條件均完全相同。北京、上海、廣州、深圳等一線城市的典當企業大多數採用該業務模式。由於一線城市擁有經濟基礎好、資源吸附效應強、人口眾多等天然特性，同樣處於新常態下，一線城市所受的影響相對較小，特別是房市依然活躍，在二線及以下城市房產交易量大幅萎縮的情況下，一線城市的房產市場仍然保持著良好的勢頭，房價依然堅挺。因而，同樣以房產抵押為主要產品的北京典當業務模式，並沒有在新常態到來後出現系統性風險。

然而，在更為激烈的外部競爭面前，北京典當業務模式也難以續寫輝煌。近年來，在平安普惠、中騰信、神燈金融、房互網、融時貸房金所等普惠金融機構在一線城市房貸市場上攻城掠地，迅速佔領了市場。這些普惠金融機構在資金端對接各類機構低成本資金，形成強大的成本優勢。在市場端積極培育線上、線下獲客能力，同時利用人才優勢在產品開發和風險控制上也更加靈活，典當企業在與它們的競爭中不堪一擊，大多數典當企業業務嚴重萎縮，面臨「吃不飽」的窘境。

合肥模式：該模式以經營類典當為主，當戶以中小微企業為主，典當產品以債權、股權等財務權利業務以及存貨質押業務為主，風控理念以贖當能力為主，以當戶淨現金流為內控抓手，當金投放以自有資金為主。該業務模式系統性風險較高，對典當企業的各方面能力要求較高，是一種「高風險、高能力、高收益」的典當業務模式。

典當企業應具備較高的需求分析、產品開發，風險識別、風險評估、風險控制，市場拓展等諸多能力。在新常態到來後，合肥模式向供應鏈典當模式發展，利用核心企業在交易鏈條中的資金、資訊、物流優勢，針對供應鏈交易特點，對風險採用結構化設計，從而有效降低系統性風險，展現出該業務模式強大的生命力。

合肥模式是「高風險、高能力、高收益」模式，一般模式與北京模式是「低風險、低能力、高收益」模式。合肥模式「高收益」是面對「高風險」的業務對象。通過自身具有較高能力條件而獲得較高的風險收益。合肥模式在細分市場表現出強大的競爭優勢，市場性態表現為「藍海」特性。

民品模式：該模式以消費類典當為主要業務，當戶以居民為主，當物以貴金屬、珠寶玉器等動產為主，業務形式為動產質押，單筆典當金額較小，當金主要用於一般消費。該業務模式面臨的風險較高，進入門檻較高，要求從業者具備當物的鑑定能力、估值能力和絕當物處置能力，該模式也屬於「高風險、高能力、高收益」業務類型。

民品業務模式一方面受典當企業鑑定、評估、處置等能力的限制，另一方面，區城經濟發展水平、金融市場發展程度、居民消費能力與消費習慣等外部因素對民品業務的市場規模有著強力的約束。從長期發展前景看，民品典當業務有著較大的成長空間，但是，信用卡的普及與發展以至支付寶、微信等新興網絡金融的快速發展，對民品業務形成了很大衝擊。同時一些二手交易平台的發展也對民品典當業務構成了不小的壓力。在目前中國金融市場中，特定區域的民品典當業務模式只能是「小而美」，不可能成為典當行業的主流模式。

跨界模式：該模式是由北京模式和一般模式結合演化而來。它借助保險、信託、金融交易所等機構，參與交易結構設計，對接外部各種機構資金，提高資金槓桿，降低資金成本，以低廉的資金吸引優質標準房貸資產，同時積極利用行銷手段，提升市場拓展能力，擴大業務規模，從而實現「低風險、低收益、大規模、高回報」的盈利模式。

此種模式在財務槓桿作用下，投資回報率較高，然而如果此種模式資金槓桿率過高，信用風險管理壓力大，流動性風險管理依託房地產市場持續向好的假設，一旦房產市場出現價格較大波動，此模式將會爆發流動性危機。目前，此種模式正在向金融服務外包方向演化，典當企業利用風險控制能力和市場獲客能力，為銀行等金融機構提供市場行銷、貸前業務調查、客戶管理、清收以及資產處置服務，不再承擔主要業務風險，成為貸款業務流程中有價值的「助貸者」。

3.3 當押業的經典人物及龍頭企業

在中國內地典當業最傳奇的人物應該是黃福玉女士和趙克強先生。中國內地典當業的再生標誌是 1987 年 12 月四川成都華茂典當服務商行正式成立。當時時任成都市華茂金屬絲網公司正副經理的黃福玉女士和趙克強先生，受到關於日本和俄羅斯當舖經營消息的啟發，他們決定創辦一間當舖。於是以企業的名義草擬了一份報告——《關於開設「典當商店」的構想》，決心投身新中國的典當業。

剛接到報告，當地市、區相關部門迅速展開研究，同時召開聯席會議以此進行協調，使各相關部門迅速審批通過。不久後，傳來北京國家體改委的消息，相關負責人對此事表示讚賞和支持。在提出從事典當構想後僅僅 40 多天，華茂典當服務商行便於 1987 年 12 月 23 日領到了正式營業牌照。

1987 年 12 月 30 日，成都市華茂典當服務商行正式掛牌營業，宣告了新中國第一間當舖的誕生，標誌著在中國沉寂幾十載的典當業從此復甦。華茂的出現，引起了社會各界強烈的反響。在當時的社會環境下，典當行被視為剝削制度殘渣餘孽，其復出顯示了改革正在不斷挑戰傳統的認知。

值得關注的典當業人物，還有浙江省的李克林先生與孫勝華先生。浙江省的典當業發源於溫州市，也是改革開放後最先富裕起來的城市。1988 年 2 月 9 日，溫州市金城典當行正式開業。這是溫州市和浙江省第一間、全國第二間典當行。在總經理李克林領導下，金城的典當業務十分火紅，很快就超過了成都華茂，受到廣大當戶的青睞和好評。該行當年典當生意 3,479 筆，累計典當金額 2,758 萬元。其中 8 月底當金餘額 1,011.5 萬元，11 月中旬當金餘額 731.6 萬元，成為當年效益最為突出的典當企業。

1988 年 3 月 16 日，溫州市第二間、浙江省典當業拓荒者 —— 溫州市鹿城典當行緊隨金城之後掛牌營業。在董事長兼總經理孫勝華領導下，鹿城利用自身地處商業繁華地段、營業面積大、員工素質高等優勢，很快成為省內外典當業的佼佼者。

組建於 1992 年的香溢融通是一間融資服務商，以集團化運作多種金融工具為主營的上市公司（股票代碼：600830）。其註冊資本 4.54 億元，總資產 30.8 億元，淨資產 18.7 億元。公司主營業務包括典當、租賃和擔保等融資服務業務，網絡與物流業以及保險業等。公司已經在信用和規模上確立了浙江典當業龍頭地位，擁有「元泰」、「德旗」兩個典當品牌。

此外，值得提及的另外兩間典當公司是德合典當和民生典當。其分別是安徽新力金融股份有限公司和民生控股股份有限公司的控股子公司。德

溫州市鹿城典當行

合典當成立於 2012 年 5 月，註冊資本 2.2 億元。自成立以來，榮獲「安徽省上繳稅金前十名企業」的稱號，在全省典當公司中名列前茅。民生典當成立於 2003 年，註冊資本 3 億元，是北京市較早成立的典當企業，多年來致力於為中小企業提供靈活、便捷的融資服務。

到 2020 年，中國內地排名前列的典當企業還有：合肥皖通典當有限公司、北京寶瑞通典當行有限責任公司、北京鼎成典當行有限公司、佛山市三水至尊典當有限公司、上海聚元典當有限公司、上海東方典當有限公司、北京市華夏典當行有限責任公司、上海天成典當行有限公司、北京市金保典當行有限責任公司、邢台福盛典當有限公司等。

3.4 當押業務的機遇與挑戰

截至 2016 年年底，中國內地微小企業數量超過 5,500 萬間，佔全國企業總數的九成以上，並創造了全社會六成的經濟總量以及國家稅收總額的一半。然而統計結果同時表明，仍有超過 12% 的中小微企業難以從銀行獲得貸款，因此融資的焦點更多地集中在當舖行業。在實體經濟和金融發展不平衡的背景下，典當業彌補了銀行在服務中小微企業和個體工商戶方面的短缺，有效滿足了社會以小額、短期、快速為特徵的融資需求。

但參照結合《典當行管理辦法》，典當行的基本金規定在 300 萬、500 萬、1,000 萬以上，不設上限。目前，典當行的資金來源較為單一，絕大多數來源於股東的原始資金，缺乏銀行等金融機構的融資支援，行業發展受到了極大的限制。

在行業人才培養方面，典當行業同樣面臨嚴峻的挑戰。限於歷史等因素，目前典當行業在職業經理人和專業評估人才方面存在大量缺口。作為行業最為核心的高級管理人員，典當業發展的成敗很大程度上取決於職業經理人的管理水平。此外，由於典當行業的特性，專業鑑定人才在玉器古玩等典當品的鑑定過程中，起到了決定性的作用，直接影響到典當行的經營利潤。但眼下由於人才匱乏，典當行業發展遇到了重大的阻礙。

隨著互聯網時代的到來，商業模式的變革和更新正在加速，「互聯網＋」一夜之間已然成為所有傳統行業和領域企業的轉型方向。對於有著千年歷史的典當業而言，這既是挑戰，也是機遇。如何在「互聯網＋典當」大戰略中找到新的發展路徑，為中小微企業提供更加快速、便捷的服務，是典當行業應當審慎考慮的問題。

目前，中國內地部分典當行也在積極探索並向互聯網領域延伸，但絕大部分仍在過去經營風險的泥潭中苦苦掙扎。既不敢做傳統業務，也不知道如何做創新業務。對各種風險過度敏感，因此經營發展始終停滯不前。在互聯網的風口上，需要重新審視市場、使用者、產品、企業價值鏈乃至整個商業生態的思維方式，尋求線上線下的深度融合，才有可能做大做強。

典當業的線上和線下被認為是彼此獨立的，因此在互聯網時代到來之際，首先必須在大資料上下功夫，深度整合線上與線下的行銷管道。其次，必須根據典當企業自身特點細分市場和目標客戶群，設計專業化、標準化、流程化的產品，並借助互聯網金融的優勢，解決業務規模受資金約束的瓶頸，實現風險可控、健康發展。再次，要消除市場訊息不對稱來保證互聯網金融的安全性，以單一的信用擔保作為防範風險的階段最終一定要過渡至去擔保的階段。因此，典當業必須借助互聯網思維和技術，通過系統性設計，積累、建立必要的資料支撐，完成風險的控制，實現業務模式的轉型升級。

典當行作為中國構建各種股權融資體系不可或缺的組成部分，是對非銀行支付機構和其他常規股權市場融資的有益補充。借助互聯網傳播廣、速度快、成本低、無地域和時間限制等優勢，傳統典當行業能夠有效解決發展中的瓶頸問題。它變得更加方便和快捷，也能夠開發出許多嶄新而不同的網上銀行服務和企業服務。可以預見的是，「互聯網＋典當行業」模式將是典當行業走出困境，在新時代嶄露頭角的必由之路。

尋求差異化經營也成為典當行業在激烈的市場競爭中的關鍵。典當行的融資功能本身並無特別之處，並且在業務上相較於銀行等耳熟能詳的金融機構處於弱勢地位。然而典當行的特別之處在於其面對社會中下層的民品典當業務，是其他金融機構無可比擬的。倘若失去該項業務，則典當行將會失去其存在的意義，最終在激烈的競爭中被其他金融機構取代。

近年來，典當行的主要當物為不動產、動產和產權三種。不動產典當是其中最廣泛且重要的業務，然而隨著國家收緊房市，其業務佔比正逐年下滑。這是由於不動產易於評估且利潤高，同樣會受到其他融資機構的青睞，因此其市場競爭也更加激烈。典當行在不動產融資領域並沒有顯著的優勢，因此其業務正在不斷被其他金融機構蠶食。相較之下，動產典當業務佔比卻有明顯的提升。此外，在產權質押業務方面，鑑於其過於「虛擬」，風險難以控制。而相對容易做的股權，又由於經濟環境的原因，存在很多不確定性，難以套現，因此，這類業務始終難以有所突破。

在中國內地典當經營的各項資料指標中，動產業務最引人注意，其業務總額和保額下降幅度始終保持在個位，同時佔比也在逐年增長。一方面，隨著經濟的增長，動產的範圍也在逐步擴大；另一方面，近年來智慧財產權保護關注度不斷提高，因此動產的價值越來越得到重視，同時動產相關的法律法規也在不斷完善和健全，使動產產權的價值不斷提高。而當前民品業務更是動產典當業務中被關注的焦點。民品典當的特點包括金額小、人力成本高、保管困難等，曾經一度被典當行棄之如敝履。面對如今的行業困境，部分典當行重新重視起該業務。然而今時不同往日，考慮到民眾當前對典當的認知可能略有偏頗，因此在對待民品典當業務的態度上，典當行應當更加謹慎。因此，即使是民品，如何做出特色，典當行業依舊任重道遠。

改革開放下的中國，商品經濟呈現勃勃生機，市場對資金有著如飢似渴的需求，作為靈活的融資管道，典當業恰似進入了一個黃金時代。「要想富，開當舖」，舉凡工商、公安、銀行、信託、供銷社、保險、財政、審計、國資、體改委、工會、甚至老齡委、居委會街道辦事處等組織都擠身興辦典當行之列。

4. 台灣當押業的經營與現況

4.1 台灣關於當押業的重要法規，包括反洗黑錢監管

台灣的當舖為特許行業，非經申請發給營業許可執照者不得營業。目前政府依《當舖業法》管理當舖業者，對於開設當舖、負責人、經營管理等方面都有嚴格的規定。

當舖屬內政部警政署管理，當舖業申請的承辦單位為各直轄市、縣（市）警察局刑警（大）隊，申請手續如下[25]：

經營當舖業應檢附申請書，向當地主管機關申請籌設。當地主管機關審查核可後，發給籌設同意書。申請者取得籌設同意書後，應按指定之期限籌設完成，並向當地主管機關申請勘驗，經勘驗合格取得許可證後，應於 6 個月內辦妥公司設立登記或商業登記及營利事業登記。

繳驗證件：經營當舖業者，應向當地主管機關檢附申請書及有關文件，包括：申請公司或商號設立登記預查名稱申請表，負責人身份證影印本，營業場所及庫房之租賃契約影印本，營業場所及庫房安全設備圖說等等。

25 內政部警政署刑事警察局網站關於當舖業之申請，網址：https://cib.npa.gov.tw/ch/app/data/view?module=wg138&id=2075&serno=5e930ff3-0575-4f0f-a93b-6f03048061dd

所以有意開設當舖的申請者是要先取得許可證，再向建管單位辦理商業登記或公司登記當舖業，辦理責任保險，依當舖業設備基準設置營業場所及庫房，才能開始合法經營。另外對當舖業營業場所設置也有基準要求，包括：應有固定之營業場所及面積，防火設備，安全鎖具，監視錄影系統，營業櫃台，印台或電子指紋機，存放簿冊儲櫃等等。

當舖業之庫房設置基準包括：門窗以堅固材料製作，並有安全鎖具；保險櫃（以存放貴重物品）應獨立且有隔斷開鎖之設計；置物櫥櫃以堅固材料製作，並有安全鎖具；防潮、防火設備；監視錄影系統；警報按鈕等等。經營汽車等大型物件典當者，存放質當物場地應有水泥牆圍（或堅固鐵柵欄）、堅固遮陽雨屋頂、排水設施、適當照明及防火設備等等。[26]

《當舖業法》第五條對當舖負責人有清楚嚴格的規範，政府為了預防暴力討債、詐欺、高利貸、洗黑錢等犯罪行為，凡是觸犯組織犯罪防制條例、貪污治罪條例、洗錢防制法規定的人，判決確定尚未執行、執行未畢或執行完畢未滿 5 年，都不能擔任當舖業負責人。另外有信用問題人士：受破產宣告，尚未復權和使用票據經拒絕往來尚未期滿，也是不能擔任當舖業負責人。

為了防止高利剝削及利用當舖從事非法活動，《當舖業法》也對當舖的利息費用及管理有嚴格規定。當舖業除收取月息（以年利率為準，最高不得超過 30%）並得酌收棧租費及保險費外，不得以任何理由收取其他費用。前項棧租費及保險費之最高額，合計不得超過收當月息 5%。而且當舖業應備登記簿，登記持當人及收當物品等資料，每 2 星期以影印本 2 份送主管機關備查；收當物品於逾滿當期日 5 日後，仍未取贖或順延質當者，應即填具流當物清冊，備主管機關查核，其流當物才得拍賣或陳列出售。

26 內政部網站關於當舖業營業場所及庫房設置基準規定，網址：https://glrs.moi.gov.tw/LawContent.aspx?id=FL004510

由此可見，《當舖業法》對台灣當舖業的方方面面有著嚴格的規定和監控，以避免當舖成為非法活動的場所。另外警察局將當舖業亦視為易銷贓場所，會不定期進行巡查。

4.2 台灣當舖的經營手法

4.2.1 台灣民營當舖的經營手法

當舖店面形象明亮

現代化的台灣當舖，大部分已經不像早期傳統單人經營的小型店舖，位於小巷陰暗角落。取而代之的是明亮的店面，多人服務顧客的營業模式，務求改善當舖對於一般社會大眾的不良形象，吸引客人到來。當舖店面整潔，服務熱情，不僅可以吸引持當的客人，也會吸引有興趣購買流當品的買家。很多當舖會直接在櫃檯或櫥窗擺滿待售的流當品，包括名牌手錶、鑽石、珠寶金飾及各類名牌皮包，大多數流當品銷售前都經過翻新處理，所以賣相很好，而整個當舖看起來更像一間商店。而對於持當的客人，當舖也會另外設置內部房間作典當過程，畢竟大部分持當人並不想他人看到自己向當舖借款。當舖顧及了客人的私隱，客人自然更容易無顧慮地出入當舖。

專業化程度越來越高

當舖的盈虧，很多時候都取決於一個關鍵的因素，就是掌握抵押品的真正價值。[27] 為此，許多當舖都有具備鑑定技能的人員，有的甚至有專業

27 吳佩玲：〈營業質與汽車融資法律關係之研究〉，台北中國文化大學法律學研究所碩士論文，2008 年。

當舖櫥窗展示名牌手錶等流當品

的珠寶鑑定師、名錶修理師，而經營者本身也都具備相關的知識，鑑定儀器也是必不可少。抵押品流當後，當舖有專人翻新、修理。當有顧客購買這些高價值流當品，當舖還能開具鑑定證書，再加上物美價廉自然吸引不少尋寶者。

流當品處理多元化

當舖業者會累積數量不少的流當品，尤其當經濟不景氣的時候，很多持當人無力或不願意贖回抵押品。除了在自己店面展示物品銷售，業者也會將物品放到拍賣網站上，增加銷售管道。另外也會有長期合作的廠商，可以收購相關的商品，例如專售二手名牌手袋、二手機車或汽車等商家。

主動廣告宣傳

早期傳統當舖只是等待有需要的客人上門，處於被動的狀態。而現在的台灣當舖為了競爭，都會主動宣傳，提高曝光率。當舖招牌琳琅滿目、閃耀的霓虹燈不輸給其他行業，讓人在街上一眼就能看到。除此之

當舖閃耀招牌，在夜晚也十分顯眼。

外，當舖還會在電視、報紙打廣告，有的當舖設有自己的網站、社交媒體專頁，許多當舖更請人在大街小巷派發廣告傳單，以拉攏客戶。[28]

汽車或機車借款

台灣當舖其中一個最常見的抵押品就是汽車或機車，而且典當車的時候，可以不用把車留在當舖，稱為「汽車機車借款免留車」。讓持當人可以在借款後，依舊使用原車，這是當舖考量到客戶會有用車需求而提供的服務，同時也較容易吸引客戶以車借款。同一區域的當舖之間還會建立汽車當押的資料庫，可以避免不留車的情況下，持當人再到另一間當舖以車借款。

28　吳佩玲：〈營業質與汽車融資法律關係之研究〉，台北中國文化大學法律學研究所碩士論文，2008 年。

台灣很多當舖接受汽車、機車典當。

以車借款，基本只要車輛是正常使用狀態，當舖就會根據車輛的市場價值來提供相應借款金額，甚至是向銀行貸款中的車輛，同樣可以抵押給當舖借款。但貸款中的車輛流當後，常會出現紛爭。因為持當人是以分期付款的方式，向汽車公司或銀行貸款購買車輛，而在未付清貸款前，就將該車向當舖抵押借款且未贖回，該車流當後，當舖因不能辦理過戶，只能廉價出售，購買人則需承受該車被汽車公司或銀行找回拖走的風險。[29]

對抵押品的選擇

當舖業者一般會在店面或網站表明接受抵押的物品種類，除了一般有價值的物品，如黃金、珠寶、汽車等，當舖業者也會接受一些特別物品，如酒類、生產機器、稀奇玩意等，因為當舖業者對抵押品亦有投資商品的心態。如果當舖業能夠把握到這些物品真正的市場價值，那麼在流

29 吳佩玲：〈營業質與汽車融資法律關係之研究〉，台北中國文化大學法律學研究所碩士論文，2008 年。

當舖招牌顯示，除了一般動產，當舖也接受汽車、機車典當，也接受房產典當。

當後，這些物品就會帶來客觀的盈利。因此在當舖業也會說「萬物皆可當」，關鍵在於是否能夠成為有價有市的物品。

接受不動產借款

在台灣當舖的廣告中，常見到房屋貸款、土地貸款等，但是根據《當舖業法》第三條第五項規定：「收當：指當舖業就持當人提供擔保借款之動產，貸與金錢之行為」，亦即典當交易只限於「動產」的抵押，接收不動產作抵押借款，應該是非法的行為。但是典當業者可以私人名義借貸，雖然不符合《當舖業法》，卻可以利用其他民法相關規定完成交易，所以當舖進行不動產抵押借款也十分普遍。

4.2.2 台灣公營當舖的經營手法

公營當舖以台北市動產質借處為例，主要受理的質借物品包括黃金、白金、鑽石、手錶、機車及數碼產品，並且對每類物品有限制要求。例如手錶只接受機械手錶，因為石英錶內有電池，有電池洩漏的可能。一般而言質借物品要有行有市，已於保管，市場接受度高。根據質借物類別，一般借款期限為 6 個月，機車和數碼產品則為 3 個月，而借款金額則以國際報價（如國際金價）或二手行情而定（表一）。[30]

表一：質借物及標準

<table>
<tr><th>類別</th><th>質借標準</th><th>放款期限</th></tr>
<tr><td>黃金</td><td>每台兩可質借新台幣 43,000 元</td><td rowspan="4">6 個月</td></tr>
<tr><td>白金</td><td>每台兩可質借新台幣 22,000 元</td></tr>
<tr><td>鑽石</td><td rowspan="4">視二手行情而定</td></tr>
<tr><td>手錶</td></tr>
<tr><td>機車</td><td rowspan="2">3 個月</td></tr>
<tr><td>數碼產品</td></tr>
</table>

台北市動產質借處具有鑑定儀器及專門負責鑑定的職員，對於黃金、鑽石這類物品可進行即場鑑定和報價，以防接收到仿冒品。

在利息方面，台北市動產質借處非以營利為目的，因此其借款利率不僅遠遠低於民營當舖，甚至比一般銀行信用卡借款更低（表二），而且還會向低收入人士提供優惠利率（表三）。[31]

30 表格來自台北市動產質借處，網址：https://op.gov.taipei/
31 表格來自台北市動產質借處，網址：https://op.gov.taipei/

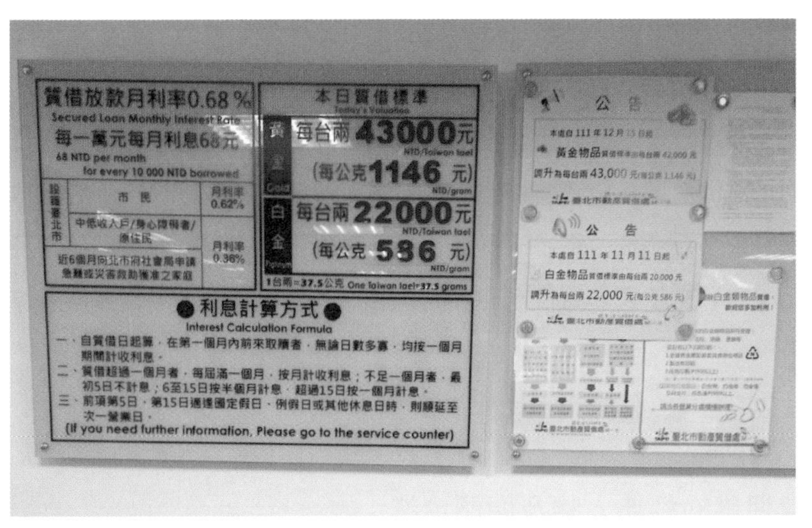

台北市動產質借處的借款利率與質借標準

表二：台北市動產質借處與一般銀行信用卡借款比較

融資管道	台北市動產質借處	銀行信用卡預借現金
本金	10,000 元	10,000 元
每月利息	68 元（月息 0.68%） （台北市民另有優惠）	89.5 元（年息 10.74%）
手續費	0	450 元（100+10,000*3.5%）
其他費用	無	掛失費用、延滯利息、違約金

表三：質借月利率 0.68%（即每萬元每月 68 元）

<table>
<tr><td colspan="2">一般民眾</td><td>月利率 0.68%</td></tr>
<tr><td rowspan="2">設籍台北市</td><td>市民</td><td>月利率 0.62%</td></tr>
<tr><td>中低收入戶 / 身心障礙者 / 原住民</td><td rowspan="2">月利率 0.36%</td></tr>
<tr><td colspan="2">近 6 個月內向台北市府社會局申請急難或災害救助獲准之家庭</td></tr>
</table>

台北市動產質借處雖然屬於政府機構，但經營需要自負盈虧，而近年來一直有所營利。由於質借處提供的借款利率非常低，所以利息收入只佔其營收的一成，主要的收入來源是其附屬事業的惜物網拍賣和流當品。台北惜物網是提供全國各級政府機關學校拍賣報廢公產的網絡拍賣平台。拍賣物品除了報廢公產外、還有流當品、拾得物及再生家具。而流當品除了會在台北惜物網上拍賣，質借處亦會與其他拍賣平台合作，出售流當品作為營收來源。

4.3 當押業的經典人物及龍頭企業

4.3.1 久大典當機構

久大典當機構於 1974 年在台中市成立第一間「久大當舖」，歷經 40 餘年，目前全台灣共有 16 間直營門市。不同於傳統當舖陰幽不明的形象，其所有門市的營業空間明亮簡潔，給予顧客舒適零距離的親切服務。久大典當機構後成立作為專門銷售流當品的部門久大御典品，聘有 GIA[32] 專業鑑定師、FGA[33] 鑑定師，為當舖所收取的流當品做完善的鑑定與檢修，逐步轉型為精品當舖，每年舉辦流當精品特賣會，同時也開發網絡市場，以吸引不同的客群。

32 美國寶石學院（GIA）為國際珠寶鑑定權威機構
33 英國寶石協會（FGA）為國際珠寶鑑定權威機構

久大典當機構
位於台中的分店

4.3.2 秦嗣林與大千典精品當舖

大千典精品當舖執行長秦嗣林，是目前台灣最有名的當舖老闆。秦嗣林 16 歲到當舖當學徒，從零開始，於 1977 年創立大千當舖，一手打造出屬於自己的當舖天下。秦嗣林雖然也是傳統當舖出身，但他不斷改革當舖形象，打破社會一般對「當舖」的不良印象，並提升了當舖的管理方式，例如全面採用電腦管理系統、當票的精確與精緻化、保全系統和安全設備的強化、保險制度的實施、客戶質當品的封存規定、鑑定作業標準化，服務態度也改用專業且貼心的方式。當舖近年來著重流當品翻新銷售，也成立了新店叫「典精品」，比起當舖來更像一間精品店。憑著多年的經驗及專業學習，秦嗣林同時也是鑑定專家，還常常上電視節目，為民眾鑑定寶物真偽，獲得許多觀眾的好評，其當舖也因此廣為人識。

大千典精品當舖

4.4 今天業務的機遇與挑戰

雖然近年當舖的專業化程度越來越高，不乏鑑定儀器及專業人員，但當舖被仿冒製品欺騙的事件仍然會不時出現，因為仿製品的精確度也越來越高，能夠以假亂真。而這些欺詐行為尤其會針對一些小型、老舊的當舖，因為他們一般只能以經驗和肉眼分辨物品，較容易收取仿製品，遭受損失。

除了仿製品對當舖業生意造成影響，更重要的是整個經濟大環境直接衝擊當舖業的經營，加上政府規定當舖利息的年利率不可超過 30%，如果只靠收取利息，當舖不可能維持經營。現今當舖的經營環境，已經由盛而衰。而且一般民眾對當舖不了解，甚至有負面印象，尤其是年輕一代不願意接觸當舖，使得當舖的客群逐漸老化，沒有新的客源經營自然陷入困境。而且在經濟不景氣的時候，越來越多典當者無力贖回典當品，流當品大量累積之下，終而現金周轉不靈，許多當舖因此無法持續經營。[34] 再加上現代金融體系，如銀行等的競爭，越來越少民眾會選擇當舖來借款。面對這些困境，當舖不得不改變過去的經營模式，只有跟上時代潮流，才能持續發展下去。

台灣傳統當舖過去總是在門口懸掛藍色底布簾，寫著大紅「當」字，氣氛凝重昏暗，而當舖內都有基本配備 —— 鐵窗。為了消除與客人隔閡，或民眾進入當舖的恐懼心情，許多當舖開始改用明亮、開放的店面空間，並且拆除鐵窗，有的甚至裝潢得如精品店一般。這類當舖大多會向精品當舖的方向發展，將盈利的重心放在流當品的銷售，而非靠傳統借款利息收入。流當後的精品能以非常優惠的價格銷售，讓喜愛名牌精品的消費者，用遠低於市價的金額即可擁有同品質的商品，大大滿足了消費者的購買慾望。除了平時在店面銷售流當品，當舖亦會定期舉辦拍賣會吸引消費者。

隨著網絡時代的發展，消費者可以很容易，也越來越習慣在網絡上購買各式商品。消費方式的改變，令不少台灣當舖也開始積極擴展電子商務，如台北公營當舖的台北惜物網，民營當舖或在台灣知名網絡平台設立自家商店，或以社交媒體專頁形式經營，甚至還採用近年最流行的網絡直播方式銷售，擴大銷售管道，讓消費者隨時隨地都可以在網絡上找到心儀的商品。但因為流當品一般屬於高價值商品，消費者不一定會輕易在網上購買，因此網絡銷售也必須同時與當舖線下表現融合。實體當舖首先要成為消費者值得信賴，有口碑的公司，且要有完善的售後服務，進而才能在網絡世界建立同樣信譽。

然而不是所有當舖都能轉型為精品當舖，當中需要許多人力、物力的投資，以及經營者的改革能力。另一部分當舖為了避免時代的淘汰，則轉

34 陳建霖，〈傳統典當業，轉型新契機—當舖不再只是當舖〉，《能力雜誌》，2013 年。

台灣有不少做汽車借款的當舖

型為專門從事可以原車使用的汽車借款、票貼（支票、本票、匯票等調現）、不動產融資等，通稱汽車當舖。這些當舖業者認為規定可抵押的不動產選擇越來越少，流當後也不容易售出，因此不得不轉用迂迴的方式做汽車、房產抵押借款。雖然這些當舖都有合作的律師、二手車行處理流當的汽車或房產，但由於不適用於《當舖業法》的規定，常常衍生一些法律問題。

4.5 台灣典當業繳納稅金準則

根據台灣全國法規資料庫，《加值型及非加值型營業稅法》（修正日期：2023 年）關於典當業要繳納稅金的條例如下：

> **第十條**　營業稅稅率，除本法另有規定外，最低不得少於百分之五，最高不得超過百分之十；其徵收率，由行政院定之。

第十一條　銀行業、保險業、信託投資業、證券業、期貨業、票券業及典當業之營業稅稅率如下：

一、經營非專屬本業之銷售額適用第十條規定之稅率。

二、銀行業、保險業經營銀行、保險本業銷售額之稅率為百分之五；其中保險業之本業銷售額應扣除財產保險自留賠款。但保險業之再保費收入之稅率為百分之一。

三、前二款以外之銷售額稅率為百分之二。

典當業盈利的來源主要為借款利息及流當品銷售，兩項收入要繳納不同的稅金。根據《加值型及非加值型營業稅法》第十及十一條規定，典當業經營「專屬本業收入」的銷售額，即借款利息收入，適用營業稅稅率為2%；經營「非專屬本業收入」的銷售額，即銷售流當品所得收入適用營業稅稅率為5%。

另外當舖盈利也要交營利事業所得稅（利得稅），目前一般為20%。流當品未賣出前的資產減值乃權債發生會計的一重大挑戰。

5. 新加坡當押業的經營與現況

5.1 新加坡關於當押業的重要法規及反洗黑錢監管

今天，新加坡政府對典當業有嚴格的監控，並有專門負責相關事項的當商註冊局，依照《2015 典當商法》（*Pawnbrokers Act 2015*）來進行管理。《2015 典當商法》對當舖牌照的申請、申請人資格、典當經營流程等都有明確規定。

根據法令第六條規定，任何人在新加坡開設當舖必須領取牌照，如無牌經營當舖，一經定罪，將會被罰款 50,000 新加坡元，甚至判處監禁。

5.1.1 如何申請當舖牌照（較詳細內容，請見附注）

經營典當業務必須申請當舖牌照，申請人可以在新加坡當商註冊局的網站申請。

申請當舖牌照需要滿足下列條件：

1. 申請人必須具有良好的品格，是從事典當業的適當人選；
2. 除非得到註冊官的批准，獲得牌照經營當舖之場所，不得從事典當業務以外的其他業務；
3. 申請人必須採取足夠的保險措施以應付典當品的損壞、盜竊或丟失；
4. 申請人需要呈交 100,000 新加坡元的保證金以確保其在牌照下從事恰當的生意；
5. 計劃申請之當舖需投入實繳資本不少於 2,000,000 新加坡元。（如營運多間當舖，每間當舖需投入實繳資本不少於 1,000,000 新加坡元）

除上述條件，當商也必須符合註冊官不時可能提出的要求。例如，所有典當業務應該電腦化等。

從上述申請條件，可以看到新加坡政府對當商的要求很高，另外在申請程序上也是十分嚴謹，視乎每個申請個案的複雜性，當舖牌照的申請需時大約 3 至 6 個月：

1. 申請當舖牌照前，申請人需先向會計與企業管制局申請註冊公司；
2. 之後可網上提交當舖牌照申請，並繳交申請費 800 元。申請費不會退還給申請人；
3. 如申請人是將現有公司轉為經營典當業務，需在公司註冊證書上作出變更，明確經營典當業務；
4. 確保申請中的經營場所可用於經營典當業務並得到此場所之擁有

者同意；

5. 當申請人得到註冊官原則性同意發出當舖牌照後，需要自費分別在英文和中文報賬上刊登連續兩日的廣告；申請人需將廣告的副本（中英文各一份）貼在擬開設當舖的營業場所門口 3 周。當商註冊局會通知申請人何時可以刊登廣告，申請人需將廣告副本及證明已貼在營業場所門口的相片提交給當商註冊局；
6. 如註冊官或註冊官授權的任何人，不低於督察級別的警務人員及房屋署人員要求，申請人需讓其進入擬開設當舖的場所進行視察；
7. 如註冊官認為擬開設當舖的場所有必要進行適當的裝修，便會通知申請人，否則申請人可不必進行額外的裝修工程。
8. 申請人需要向註冊官提交必要的裝修工程計劃，包括：1）典當品安全保管設施（如保險庫、保險箱等）；2）具有監察功能的保安警報系統；3）閉路電視裝置；4）營運典當生意的電腦系統。
9. 申請人需要向保險公司購買保險，並涵蓋當舖牌照的有效期，以保障當舖收取的典當品發生盜竊、損害等意外。
10. 當舖設置完成並得到註冊官同意後，申請人需繳納保證金 100,000 新加坡元及牌照費 3,000 新加坡元 / 每年，當商註冊局會向申請人正式發出當舖牌照。

5.1.2 當舖經營規定

在經營當舖方面，《2015 典當商法》規定典當者須為年齡超過 18 歲，當商需查看典當者的身份證。當商可按典當額，每個月或不足一個月徵收 1.5% 的利息。所有典當交易必須根據當商註冊局提供的範本要求做英文記錄，另外對當票也有詳細規定：

1. 當舖必須向典當者發出當票；
2. 當票上必須印有獨立的編號，採用規定的格式記錄內容；

3. 典當者必須在當票副本上簽名；

4. 當舖必須保存典當者簽名的當票副本；

5. 如未能達到無上述 4 點的要求，該典當交易可被視為無效。

現時當舖除了經營典當業務，也會經營流當品銷售甚至是全新的珠寶，金飾零售。但根據當舖牌照的要求，當舖只可進行典當業務，所以當商如需在當舖從事銷售商品，必須向當商註冊局提出申請並得到註冊官的批准方可進行。

5.1.3 解決糾紛和調停處理

1. **遺失當票：**所有遺失當票的典當人可前往當舖補發當票，每張當票的補發手續費為 $10。
2. **非法典當品：**物主在向當商申報非法典當品的個案時，必須提供相關擁有權的證據（例如報警文件），手續費為 $10。當商有權扣押典當品為期 3 個月或更久，這將視法律程序或法庭發出的指令而定。
3. **典當品遺失、損壞或被銷毀：**當商所持有貨架均有強制性的足額保險。倘某件典當貨品在突發性的火患、強盜、偷竊事件中遭銷毀、損壞或遺失，在此物件的有效回贖期限內，仍然有責任給予賠償，數額定為典當額的 1.5 倍（即 150%），但需扣除應繳利息。
4. **違法典當：**在違法典當情況下，當警方人員充公了犯法者所典當的贓物之後，將會交由法庭，經過酌情處理的方式，判定贓物的合法擁有權，並歸還物件給合法事主，法官也可能對個別案情，適當地判予若干款項歸還給當商。

5.1.4 發現可疑典當品：包括假冒、偽造或被盜物品

倘若當商有充足的理由，懷疑所典當的物品是被盜竊，或是由不法途徑所取得，當商有特許的權力，將物件與典當者加以扣留，並送交警方，轉而由法庭作出法律制裁。若有將當票或物件交予當商，而被懷疑為偽造、修改、冒充者，當商亦有特許的權力，將當票或物件加以扣留，人贓一併送交警方，依法秉公處理。

5.1.5 防治洗黑錢及恐怖分子資金籌集

在當舖牌照條件下，所有當商在經營業務時應當遵守《制止資助恐怖主義法》及聯合國就打擊恐怖主義的相關條例，避免與任何聯合國安全理事會制裁名單中的個人或實體進行任何交易。當商應該定期在新加坡金融管理局網站檢視此名單，防止洗黑錢及恐怖分子資金籌集的情況出現。當商如遇到相關可疑交易，應立即呈交報告予有關當局。

5.2 新加坡當舖的經營手法

5.2.1 當舖設置現代化程度高

新加坡的當舖大部分都是由華人開設，過往也是中國傳統當舖的樣式，鐵欄杆、隱蔽式的高櫃檯，但到如今大部分當舖採現代裝潢，店面整潔明亮。連鎖式的當舖更要求員工有統一的制服，外在形象更「銀行化」。不僅如此，當舖也添置現代的設備，包括物品電子檢測儀器，甚至還有 24 小時運作的自助「續當機」。新加坡當舖並非 24 小時營業，雖然很多當舖已經可以使用網上辦理續當，但對一些不熟悉使用網絡的年長客

新加坡當舖設置開放明亮

人，仍然需要前往當舖辦理。如在營業時間之外，要續當的顧客只須在當舖門口的續當機上掃描當票的條碼，利用現金或 NETS[35] 繳付相應利息，就可以完成續當。

5.2.2 電腦化及使用電子當票

新加坡當舖在 90 年代已經全面實行電腦化，不僅交易紀錄需要電腦記錄，當票也由電腦印製，並統一格式，另外還會有當舖提供的其他注意事項：

- 當票上會簡單描述典當物品的種類、件數，並標明其總實重量。
- 典當金額是以英文和阿拉伯數字列印。
- 典當者的資料都會被精確地記錄下來。

35 NETS，即新加坡交通儲值卡。

- 當票上清楚地印有典當日期、6 個月回贖期限的截止日期。
- 當票上也清楚地列印出每個月徵收的利息，當商可按典當金額，每個月或不足一個月徵收 1.5% 的利息。
- 當票背面附有提醒典當者的一些重要聲明，如當客會在 6 個月內收到贖回或更新當票的通知，當客地址更改通知與當店營業時間等。
- 當票上的指標性估價並不代表當商日後承諾收購典當品的價格；該估價僅作為參考典當品的潛在價值，當商並無義務按指標性估價向典當人購買典當品。
- 所有典當品必須在當票上注明的到期日或之前回贖或延長典當期，到期未贖的典當品將被沒收，典當人亦不能獲得盈餘。
- 典當人若在當票上注明的典當期限後沒贖回典當品，當商必須以掛號信或電子郵件通知典當人。凡更換地址或電郵地址的典當人，請即通知相關當商。
- 在進行典當交易時，典當人被視為同意當商收集、使用和儲存其個人資料。當商也可以通過電話、郵件、電子郵件或電話簡訊等方式與典當人聯繫。

5.2.3 贖回典當物的方式靈活

6 個月典當期限截止時，當舖通常會提供幾種贖回方式，具有相當的靈活性，典當客人可依據自己的能力範圍作出不同選擇，這有助於典當者解決和克服一些不能預見的困窘和經濟壓力。

下列為 4 種可供自由選擇的贖回方式：

（一）**完全贖回：**繳付典當本金與附加利息，將所有的典當物品完整贖回。典當者與當舖雙方之間的責任和義務就此終結。

（二）**部分贖回：**一項典當交易裡，也許包含了多件典當物品，典當者若欲贖回其中一部分，估價師即會與顧客商議這部分的贖金和徵收對典當本金額應繳的利息。部分贖回交易完成時，剩餘的典當物品和相對的剩餘典當額，即被作為另一全新有效的典當交易。

（三）延期：顧客不需實質上贖回典押物品，只需繳還應付的利息，即可立即獲得更新和延長多 6 個月的回贖期限。

（四）部分延期：這種方式又分為兩種情況如下：

1. 顧客繳還應付的利息，以延長贖回期限的同時，可憑本身的意願，對原本的當額作一部分償還，從而減低典當額。
2. 顧客繳付應付的利息，以延長贖回期限的同時，要求增添典當額，索取額外的款項（增添典當額的情況，只有在顧客原先所典當的數額是自願性的且遠較實際價值為低，才會被允准）。

凡是贖回典當物和延長當票期限，都可由當票持有人任意地在贖回期限內的任何一天執行。

5.2.4 典當利息低，當舖擴大零售業務

雖然新加坡法例規定的 1.5% 月利已經很低，但由於近年新興典當行的競爭激烈，現時當舖提供的典當利息每月普遍在 0.8% 至 1% 之間。因此當舖大都擴大零售店面，銷售流當的二手黃金飾品、珠寶等。由於華人、印度人和馬來人都有使用黃金飾品的傳統，且認為是最能保值的物品，黃金業務在當舖佔有很大的比例，特別是一些老字號當舖，可達 90% 以上的比例。有當商認為通過加強金飾零售服務，也能間接促進當店業務。「如果顧客從你的當店購買這條項鏈，遇到經濟困難時自然會想到拿回同一間當店典當，因為那一定是最了解那條項鏈的當店，也最能取得合理估價。」[36] 除了黃金和珠寶，二手名牌產品銷售也是新加坡當舖的

36 林煇智：〈當舖　夕陽業再發光〉，《聯合晚報》，2017 年 1 月 24 日。

主要業務，同時為當舖帶來了新的客源，如年輕人及中產富裕階層。

5.3 新加坡當押業的經典人物及龍頭企業

新加坡一共有 3 間典當公司在新加坡交易所掛牌，它們是大興當（Maxi-Cash）、銀豐當（MoneyMax）和方圓當（ValueMax）。除了典當及提供貸款服務，它們也售賣珠寶、名錶、金飾等。

5.3.1 大興當（Maxi-Cash）

大興當是新加坡第一間上市的當押商，也是目前新加坡最大的當押商，採用連鎖形式經營。大興當並非源自傳統當舖，而是由經營珠寶業務的利華珠寶集團在 2008 年投資成立，同年 6 月在新加坡證券交易所上市。大興當於 2009 年開設第一間當舖，其後發展迅速，一年便擴充到 15

間分店。目前大興當在新加坡擁有 48 間分店，其業務同時遍及馬來西亞及澳洲，近年更進軍香港，在香港設有 3 個營業點。

大興當作為新加坡典當業的領導者，為顧客提供現代化、專業及「銀行式」的典當體驗，快速滿足顧客短期財務需求。除了典當業務，大興當亦有零售業，如珠寶、手錶和品牌手袋的交易，以及放貸業務等。大興當的店舖主要位於新加坡地鐵站及大型商場，店舖裝潢與傳統當舖也非常不同，例如在大型商場內的店舖幾乎與一般珠寶及名牌商品零售店看起來一樣。

隨著網絡的盛行，大興當在 2017 年推出創新的網絡服務，即讓顧客可以上網使用支付利息的 iPAYMENT，網上商店及免費網上估價服務。2020 年更推出手機應用程式 Maxi-Cash App，讓顧客可以一站式使用網上購物、網上估價、分期付款及交付典當利息的功能。

除了網絡服務，大興當亦在電子支付市場中開拓自己的領地，推出由 MasterCard 支援的手機錢包應用程式 MaxiPay。客人可以通過此手機程式在 Maxi-Cash 店舖或任何可以使用 MasterCard 的店舖消費，同時可以轉賬到本地或海外其他帳戶。

5.3.2 銀豐當（MoneyMax Jewellery）

銀豐當由樹記珠寶集團在 2008 年投資開設，2013 年上市，發展至今在新加坡擁有 46 間店舖，另外在馬來西亞也有 20 多間店舖，合共超過 70 間，為設有最多新馬分店的連鎖集團。銀豐當不僅是現代化的當舖，也是珠寶、奢侈品零售及貿易行業的領導者。

2015 年，銀豐當是新加坡第一間推出網絡平台服務的當舖。其平台 MoneyMax Online 不僅有網上購物功能，也可以讓顧客出售物品及為自己的物品估價。

2016 年，銀豐當推出其金飾品牌 916 Love Gold 及一系列關於二手名牌手袋的服務，包括典當、寄賣及折舊換新。根據銀豐當創辦人林雍傑觀察，女性的隨身貴重物品除了黃金和珠寶可典當買賣，還有就是名牌手袋了。新加坡女性很多會從歐美購買二手名牌手袋，但本地卻缺少這樣的供應商，於是便開發這一市場，結合實體店舖及電子商務平台銷售，也可以與傳統典當業務相輔相成。

2018 年，該集團成立 MoneyMax Leasing，進軍擁車證 COE 貸款服務及提供汽車保險服務。擁車證（Certificate of Entitlement, COE），是新加坡政府透過車輛牌照配額許可證的發行，授予成功中標的持有人進行登記，擁有與使用新加坡道路，為期 10 年的合法權利。需求高時，COE 的成本可能超過汽車本身的價值。林雍傑指出，汽車貸款競爭日益激烈，但擁車證貸款尚未有商家涉足，而大約三成以上的車主都會在擁車證期滿後申請延期，銀豐當便為有意延長擁車證的車主提供低息融資。車主用舊車和擁車證作為抵押，經營風險相當低，同時又拓展出一項新的金融業務。

5.3.3 方圓當（ValueMax）

方圓當成立於 1988 年，是新加坡第三間上市的典當連鎖企業，也是其中歷史最長的當舖公司，目前有 41 間分店，遍佈新加坡全島。方圓當的店舖交通便捷，除了基本的典當和買賣業務，顧客還可以在任何一間方圓當分行對抵押物進行續當。另外通過網上估價服務，顧客無需前往方圓當門店，就可以在家裡獲得典當物品的初步估價。

提供典當服務的同時，方圓當也售賣質優價美的二手及全新珠寶首飾。旗下子公司也提供貸款服務，包括房屋貸款、汽車貸款及個人貸款。

5.4 今天業務的機遇與挑戰

5.4.1 典當業務經營風險

新加坡的當舖雖然現代化程度高，但同樣也會面對傳統典當業務的風險，就是遇到假貨或賊贓。根據新加坡媒體報道，幾乎每月都有不法之徒拿仿製品到當舖典當，讓業者不得不提高警惕，加強辨偽技術。面對這種情況，不少當店已採用高科技檢測器來取代傳統檢驗方法，但還有很多傳統業者依然是以豐富經驗來判斷真偽。新式的當舖估價師沒有傳統當舖的經驗資深，但會通過培訓計劃，加上先進器材，也可以減少收到假貨的頻率。另外為了確保典當物品都是通過合法途徑取得，而非偷來的賊贓，當舖估價師及店員也會審視不同的顧客。例如職員一般會與顧客作簡單對話，觀察來者的肢體語言，了解典當品來源，從中探測對方是否心術不正。而且只要某間當舖收到相關風聲，就會把資訊通過群聊發給同行，讓匪徒難逃法律制裁。[37]

5.4.2 當押業人才缺乏，青黃不接

當舖最重要的職位之一就是估價師（朝奉），因為關係到當舖的經營收益，一般家族經營的小型當舖大多由老闆或同家族的人擔任。家族年輕人進入當舖，經過不斷學習和積累經驗，最後接手經營當舖。但現在很多年輕人對家族的當舖業務都不感興趣，如要外聘他人，對於一些比較傳統的當舖來說也不容易。

對於連鎖當舖來說，因規模較大，公司一般會提供培訓給新人，但要

37 林煇智：〈當舖　夕陽業再發光〉，《聯合晚報》，2017 年 1 月 24 日。

培養一個專業的估價師也不容易，並且也要在激烈的競爭中留得住人才。再者現時典當品的種類越來越多樣化，相當考估價師的功力。估價師過去可能只須了解黃金，現在卻要懂得更多，所以要不斷學習和進步，並提升專業技術。此外，現在的估價師不僅要盡快估價，還有服務顧客，如顧客有不明白的地方，也要向顧客解釋，不像過去只要跟顧客談好價格即可。

5.4.3 新冠疫情下的當押業

新加坡在 2020 年 4 月 7 日因疫情嚴重實施冠狀病毒阻斷措施，只有「必要服務」的行業可以繼續營業。當商公會在 4 月 6 日致電當商註冊局，詢問當業是否屬於必要服務，當局一口否定，公會因此致函貿工部、律政部和當商註冊局，表示典當業屬於金融服務，是滿足民生需求的主要服務行業，因此在非常時期應當如常營業，提供援急紓困的服務。在 4 月 9 日典當業獲准繼續營業，典當商可個別向貿工部提出申請營業；11 日開始，全島有數十間當舖重新開門服務顧客。[38] 但基於疫情嚴重和人流活動減少，很多當舖都沒有馬上重開，如最大 3 間當舖集團的連鎖分店，只有約四分之一恢復營業，有的當舖則停業了一個多月。即使可以繼續營業，在疫情下典當客人數量和營業額都是直線下降。

一般情況下，經濟不景氣導致更多人需要資金周轉，典當人數就會上升。毋庸置疑疫情嚴重打擊了新加坡的民生經濟，但讓典當業主出乎意料的是，典當的人少了，贖回典當物品的人反而增加，是新加坡有記錄以來，首次出現贖回物品多於典當物品的情況。當商公會認為這主要是由於疫情間政府發放各種津貼及補助金，加上非必要服務商店無法營業，也無法出國旅行，人們無處消費，因此多了一些錢可作為儲蓄。另

38 孫慧紋、陳映蓁：〈典當業　傳承創新雙劍合璧〉，《聯合早報》，2021 年 10 月 3 日。

外受到當時金價上漲的影響，部分人認為可先贖回物品，之後可再以更高的金價去典當。[39]

在逐步解封後，民眾的消費力開始恢復，一些當舖的生意也逐漸恢復正常。其中連鎖當舖的營業額表現不俗，業者認為是人們無法出國，更願意投資在可以保值的金飾和其他貴重物品上，令主力銷售名貴物品的連鎖當舖因而得益。相比之下，小型當舖受到的衝擊則較為明顯，特別是以外籍勞工為主要客群的當舖，疫情下沒有人員流動，自然沒有這類型的典當客人。

雖然本地消費力尚可以維持，但當舖的客群也包括外國客人，大約佔30%。在疫情下，幾乎沒有外國旅客，再加上商品物流供應受限，當舖的經營仍然受到很大的挑戰。

5.5 新加坡當押業繳納稅準則

新加坡企業所得稅稅率為 17%，當舖作為註冊公司亦需繳交企業所得稅。另外當舖的收入來源一般分為借款的利息收入和流當品的銷售收入，所以當舖就銷售商品所得的收入，還需要繳交商品及服務稅（Goods and Services Tax, GST），稅率為 7%。

39 潘靖穎：〈本地當舖罕見現象　贖回首次超越典當〉，《新明日報》，2021 年 3 月 12 日。

第四章

華人社區當押業的管治問題

1. 香港當押業的管治問題

1.1 企業的管治架構與風格

1.1.1 當舖的組織架構

單一當舖

香港大部分當押店都是小型的單一當舖，由老闆和兩三位員工負責業務；然而，隨著有經驗的員工退休，加上入行的年輕人越來越少，有些當舖甚至只有老闆一人負責處理店內一切收當事宜。研究團隊曾拜訪部分當舖，亦由於只有老闆或員工一人在店內工作，故此他們無暇分身接受訪問，不過當舖人情味甚濃，仍然歡迎團隊拍照以完成這個研究項目。

連鎖當舖

香港未有上市押業集團以前，當舖都是由家族經營，有時個別當舖股東亦會與其他投資人士在外合資經營其他當舖。李右泉、高可寧、羅肇唐等人為香港當押業歷史上著名的家族代表。高可寧於香港及澳門開設多間典當舖，有省港澳「典當業大王」之稱。高可寧家族經營皇后大道西德泰押、中環德輔道中德榮大押、灣仔軒尼詩道同德押、銅鑼灣邊寧頓道德興大押、灣仔軒尼詩道成隆大押、北角馬寶道成豐押、佐敦上海街德生大押、深水埗南昌街南昌押、旺角亞皆老街同昌大押以及澳門德成按。羅肇唐創辦的裕泰興有限公司現時營運 3 間當舖，分別為銅鑼灣登龍街的和昌大押、灣仔軒尼詩道的同豐大押和灣仔道的振安大押。

上市集團

2013 年靄華押業於香港聯交所上市。靄華押業以灣仔總部作為物業按揭中心，並在港九新界各區共經營多間當押店。當押店分店大多有二三名員工，惟位於中環干諾道中的德華大押，由於服務較多菲律賓人士，店舖聘用了 5 位職員為菲律賓籍客戶提供服務，集團網頁除了中文繁體及英文頁面以外，亦提供菲律賓語的版面。靄華押業亦在集團網頁提供網上當押估價服務，客戶只需填上當押品資料，並提供聯絡方法，不用親身到店舖查詢。如果客人到分店向店員提供當物，可在 1 至 2 分鐘內完成交易。

一間押店內員工多寡，則視乎當時當押業的興衰。當押業在全盛時期，一間當舖員工總人數可以超過 20 人；從前當舖存有大量來當品，佔用三四樓層，所以也有床位預留給學徒留宿，同時可作保安。

相比之下，現今當舖對人手的需求亦較以往小，規模比較大的當舖，員工總數也少於 10 人，大多由小型家族企業組成，每間商店的員工人數可能因業務規模而異，但大多數當舖僱用的人數只有 1 至 3 人不等。在分工方面，當舖員工通常執行負責多項工作，包括評估物品、與客戶溝通和處理現金交易，一些當舖可能還有專門來處理特定類型的物品，例如珠寶或電子產品。香港當押業越來越多使用資訊科技，特別是記錄保存和庫存管理。許多當舖使用電子資料庫來跟蹤庫存中的物品，有些當舖可能會使用軟體來輔助估價或管理客戶。然而，整個行業仍然相當傳統，嚴重依賴個人關係和與客戶的面對面互動。

1.2 歷久彌新的企業管治經驗與文化

從前典當物品包括衣物、棉被、電器等日常用品，儲存所需空間較大，所以舊式當舖一般是一幢四五層高的大樓，樓上數層用作存放貨物。現時典當物品多為金器首飾、手錶、電子產品，體積細小，故此新式當舖未必會投資或者租用幾層物業，多會在地舖內加設大型夾萬以儲存當品，亦方便客人贖回。

傳統手寫當票，行外人看來看似符咒，其實當中隱藏著內部監控的重要意義。當票上的字體，一說是按照東晉書法家王羲之（303-361）的《十七帖》為依歸，稱為「當體」，另一說是按照明末清初的草書大家傅山（1607-1684）的《草書千字文》選出來，稱為「當字譜」。當票編號以《千字文》天、地、玄、黃順序往下編，每月編號，正月立為「天」，農曆二月為「地」，當然當舖這個傳統行業，基於迷信忌諱，不會採用一些不吉祥的字，例如「荒」、「寒」等等。

除了字體潦草難以分辨以外，當票對當物的描述，一般也會佔用全

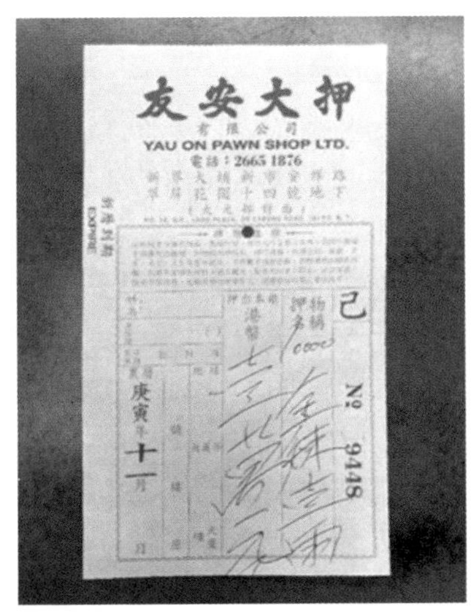

手寫當票填寫資料時，會盡量不留空間。

當舖招聘廣告海報

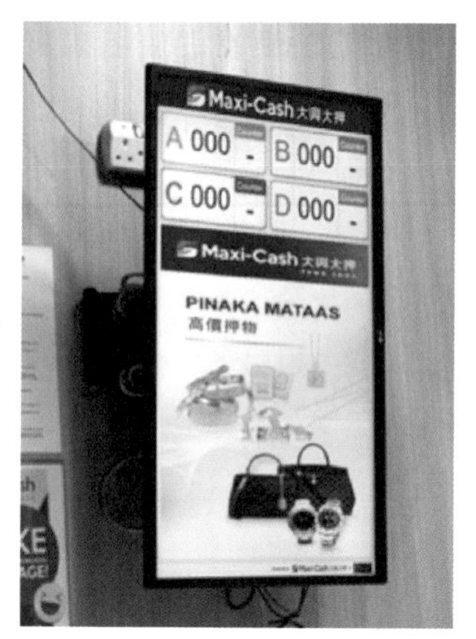

位於中環的大興大押（左），已採用電子化派籌服務。

行，行內人稱為「頂天」、「立地」，換句話說，可以防止有人在當票上塗改。另外，香港當票的金額一般用大寫，即會用上壹、貳、叁、肆、佰、仟去取代一、二、三、四、百、千等等。

新加坡上市公司大興當在香港開設的當舖大興大押則沒有沿用傳統設計，而是更趨「銀行式」和現代化，拉近與顧客的距離，提升服務質素。這種企業化的管理模式同時可以提升當押行業的形象。

1.3 人才招聘與培訓

雖然當舖的風光時代已經成為過去，但依然會有年輕人入行，慢慢由「後生」開始做。根據現在的行內人說，「後生」已經不如以前般辛苦，只是負責查貨及簡單打掃，而且還會有假期。不過，一間當舖的人手就不如以往的多。以前人手多，分工清晰，由低至高有後生、摺貨、票檯和朝奉，現在一間當舖就只有 1 至 3 人。然而，人數雖少卻要多才多藝，當舖

位於大埔翠屏花園的友安大押

需要電腦化，典當物資料也要輸入電腦系統，潮流貨物日新月異，所以還要學懂評價貨物的價格及真偽。傳統當舖經營看似逐漸式微，其實當押業同時也與社會一同進步。

加入當押這個行業並不如一般行業招聘，大家很少看到報章刊登招聘廣告去聘請當舖學徒，由於在當舖工作經常會接觸到貴重物品、大量現金，所以員工的誠信非常重要，因此，一般當舖員工都是經由親戚朋友介紹入行。然而，外資當舖不易覓得途徑去招聘員工，加上香港外傭人口不斷增加，典當在東南亞地區亦很盛行，為了接待這些外傭客戶，在本地經營的外資當舖也會在店舖門口貼上招聘告示，聘請懂得東南亞語言的客戶接待員。

縱然當舖作為古老行業，吸引年輕人入行看似不容易。不過，位於大埔翠屏花園的友安大押，就由九十後的孔令儒與爺爺孔憲剛一同打理；孔令儒自 18 歲畢業後已經跟著爺爺學習管理當舖生意，多年來學會處理來當品、鑑別當品真偽、估價、寫當票等工序。孔令儒認為鑑別需要用心，要憑藉經驗去評估，並沒有捷徑可走，有時鐘錶也難分真假，鑽石名錶動

研究團隊到訪時，當舖上半日已經做了多宗生意。

輒過萬，一不留神就會被人以假亂真，所以要多參考真品以作比較，由於孔家亦有家人開設鐘錶店，閒時亦可以分享辨別真假鐘錶的心得。

孔憲剛分享九七回歸前每天會處理超過 100 件來當品，現時生意量相對少得多，加上沒有自由行的內地客，生意好的時候會有二三十件來當品；當物的種類也與以前不同，現在智能電話、裝置越來越普及，亦時有炒賣，所以當舖會接受電子產品，視乎型號、質量，價值會由幾千元至上萬元不等。不過由於電子產品例如電話型號轉變極快，所以如果要折讓產品價值到 4 個月之後，典當價值就會大為減少，故此對於手提電話，通常典當期為一個月，因此客人就可以當高一點價錢以作周轉。如果客人拿來典當的物品價值高，例如金鏈加上金吊墜，各自可典當的價值超過港幣 10 萬元的話，就可視作典當兩件物品，每件上限港幣 10 萬元。

研究團隊訪問前，當舖半天已經做了 10 多宗生意，生意額已達數十萬元，雖然當舖面積不大，但是已經放了兩個 6 呎高的大夾萬，店內裝有數台閉路電視，加上防盜設備，足以儲存貴重的來當品與備用金。團隊訪問期間見到先後有兩位客人典當，包括一位外籍傭工。孔令儒分享，有時也會有外籍傭工到當舖典當，但如果典當物價值高，當舖會多了解當物來源，如果外籍傭工表示當物是幫僱主典當的，當舖會請外傭通知僱主親自過來辦理，以減少接收贓物的機會。

從前警方會按時寄出「向當押商發出的通告」予全港當舖，提醒當舖遇上失物時，要通知警方，孔令儒表示，遇上來當者交出贓物典當，當舖一方面會拖延來當者，另外一方面會暗地通知警方，將違法者繩之於法。配合現今科技的發展，警方已無需寄出通告，而是通過電郵向當押商發出最新的贓物資料。

孔令儒看到社交平台亦是適合宣傳當舖的媒介，所以友安大押也有 Facebook 帳戶，主要是用來提供當舖的辦公時間、地址、電話等資訊，客戶亦有透過 Facebook Messenger 的私訊模式，查詢當舖會否接收準備典當的物品。

孔令儒表示，當舖主要的收入為當押業務所收取的利息，斷當比例不高，一般不足 10%。然而，由於香港法例規定當舖不得在其營業地點經營其他生意，所以，當舖處理斷當物時，會透過回收商或由當舖股東另外開設的店舖作出銷售。

1.4 會計與財務管理

資金籌集

香港老字號的當舖，大部分都有自置物業，所以無需考慮撥備去購買店舖，加上現在少有處理大型物件，所以亦無需另設閣樓或二三樓以作庫存。主要營運是需要準備足夠周轉資金，因為若果來當者帶上幾件貴重金器，然而當舖卻沒有足夠的現金流，客人便不能馬上取得當款，直接影響商譽。由於香港法例規定每件當物最高可典當的金額為港幣 10 萬元，所以一般小型當舖都會有最少港幣 50 萬元的營運資金，以及港幣 50

萬元的備用金。一般而言，當舖都會採用類似定額備用金制度（Imprest System），換言之，當營運資金及備用金已作動用，金額隨後會補充至未用前的結餘，以確保每天都有足夠的資金用作營運。

營運成本及支出

在香港開設當舖沒有法例規定的最低資本，一般香港有限公司的註冊資本不會少於港幣 1 元，成立有限公司，準備好「NNC1 表格」（成立有限公司表格）、「公司章程」及「致商業登記署通知書」，連同香港政府註冊費港幣 1,720 元及香港政府商業登記證收費港幣 250 元[1]交予公司註冊處。當押商牌照申請表格，連同牌照費用（申請新牌照 / 續期：港幣 4,610 元，申請轉讓牌照 / 轉換處所 / 修訂牌照：港幣 155 元）送交警務處牌照課辦理。根據《公司條例》，所有在香港註冊的公司都被法定要求每年審計其財務報告，所以每年亦有審計費用。每年 4 月初收到利得稅報稅表（首次利得稅報稅表會於開業 18 個月後收到）後，公司便要將會計帳目交給香港註冊會計師事務所進行審計，在一個月報稅限期內將註冊會計師事務所發出的審計報告及利得稅計算表，連同稅表一同遞交。

若果當舖並非自置物業，營運的成本除了租金支出之外，開設當舖需要進行裝修，高高的櫃檯、防盜鐵欄缺一不可，亦要購買火險，安裝防盜設施包括防盜鎖、閉路電視、防盜系統，要購買適當容量的夾萬等等。另外要聘請可靠的員工，員工開支包括薪金、花紅、強積金供款、僱員補償保險供款，亦要適時提供員工培訓。每日營運費用也包括電費、水費、差餉、管理費及網絡費等雜項支出。部分當舖自設網頁，透過網頁接受查詢，客戶可以上載相片，查詢物品會否被接受典當，開設網頁每年也需要繳交年費。從前當舖算盤點算帳目，用厘等來秤金器；時代變遷，計算

1　香港財政司司長陳茂波建議由 2021 年 4 月 1 日起寬免商業登記費港幣 2,000 元，為期一年。

有經驗的當舖職員仍然會用上算盤來點算

機、電腦、電子磅已成為不可或缺的輔助工具；文儀用品以及鑑定儀器的購置與維修也是營運成本的一部分。

從前當舖用手帳結算，現今坊間已經有很多軟件公司提供當舖電腦專用軟件以作記錄，所以購買軟件以及定期提升軟件功能，亦成為當舖的一項基本開支。

雖然香港斷當的比例大概維持 10% 左右，但是斷當品對於當舖也是成本，如果未能盡快將流當品轉賣，對當舖的資金也會造成壓力，故此，當舖與回收商維持密切關係，尤其是電子產品的回收商，因為他們能提供當舖適時的市場資訊，例如參考價、最受歡迎型號等等，令當舖可以對來當品作出適當的估值。

營利收入

當舖的營利收入主要來源於典當借款的利息和流當品的銷售。當舖掌握來當品的市場價值，就可以作出相對的折讓，萬一斷當，當物的銷售價值減除典當價就成為當舖的盈利。所以一些比較難以估值的當物（例如「名牌」手袋），當舖都很少會接受，而對於一些價值隨時間有很大折讓的當物（例如手提電話、電子產品等），當舖會提供比較短期的當期，務求令客人可以盡量拿多些現金去周轉，同時亦可以盡快取回還款。

《當押商條例》規定最高每月單利息利率為每農曆月 3.5 厘，一般當舖都會視之為行規，各自向客戶收取 3.5 厘利息，但有小部分當舖為爭取生意，會稍為調低利率以吸引客人，因為法例只是釐定最高的利率，然而，這些安排讓其他行家不滿。

很多家族經營的當舖，客戶群都是以熟客為多。有些裝修判頭因為未完成工程，客戶未支付裝修費用，但為了支付旗下工人的薪金，就會典當金頸鏈、金手鏈、金戒指等等以作周轉；其次是居住在店舖附近的外籍傭工。部分設於麻雀館、香港賽馬會投注站附近的當舖，賭博人士就成為主要客戶。從前自由行方便內地旅客來港消費，鑑於內地典當店大多處理樓宇、汽車、大型機器的典當服務，很多旅客都會帶同金器來港典當；但近年由於 COVID-19 疫情關係，兩地往來機會減少，所以內地客也幾乎絕跡。

1984 年 7 月，中國在改革開放後派出奧運代表團重返闊別 32 年的奧林匹克運動會，香港慈善家霍英東（1923-2006）成立了霍英東體育基金，獲得奧運冠軍的中國運動員每人獲得一枚重達 1 公斤的純金金牌和 8 萬美元，亞軍則是半公斤的純金金牌和 4 萬美元、第三名則獲獎勵四分之一公斤純金金牌和 2 萬美元。2008 年奧運後，霍英東體育基金會向所有獲得奧運獎牌的中國運動員頒發了共計 186 枚紀念金牌。金牌運動員為 1 公斤金牌，銀牌運動員為四分之一公斤，銅牌運動員為 150 克，金牌上鑲有 1 顆鑽石。由於香港法例規定典當價值不可超過港幣 10 萬元，所以有運動員拿走了鑽石作為紀念，然後以港幣 10 萬元典當了金牌。

一般當舖都歡迎典當金飾，一來金器可以用試金石[2]、「拍條」或試金

2 試金石大多是緻密堅硬的黑色硅質岩，例如石英岩、硅質板岩、燧石岩等。將金屬於試金石上磨擦，依據其條痕的顏色可用來判定金屬的成分，測試黃金真偽，若顏色偏青的話就很可能是青銅，偏紅的話就較大機會是紅金。

2008 年奧運後，霍英東體育基金會向金牌運動員頒發 1 公斤金牌。

水來測試成息，現在金價每日有牌價可以參考；反而現今人造鑽石（工業鑽）的技術越來越高，實驗室透過技術加工，以合成鑽石當真鑽石，價錢只是真鑽石的一至兩成。港九押業商會也曾在 2014 年舉辦「天然鑽石、合成鑽石及模仿品介紹講座」；然而人造鑽石外貌與每卡價錢可達 10 萬元的高質真鑽石難以用肉眼分辨真假。兩名男女涉嫌在 2016 年 8 月至 2017 年 4 月期間，在全港 12 間當舖典當多顆仿真度極高的合成鑽石以假亂真，每次典當一至兩粒，合共騙取約港幣 97 萬元。警方搜到多張當票，部分當票顯示歹徒亦有在澳門當舖犯案。故此要確定鑽石的質素對當舖是一個挑戰，令當舖對典當鑽石沒有十足把握，若有人典當鑽石，當舖一般會向典當者索取 GIA（美國寶石學院）證書及購買時商舖發出的單據，然後再運用寶石檢測儀器作鑑定。

1.5 內部控制與安全

內部控制與安全

1. 員工分工控制：現在當舖需要處理大型當品的機會不多，所以當舖所需要的人手亦大為減少，更有當舖轉移當押樓宇、汽車，需要處理的只是相關的法律文件，故此傳統的當舖職位例如接貨、票檯等等，現在店內兩三位店員已經可以處理，分工已經沒有從前的明細。

家族式經營的當舖，決定典當金額的彈性會比較高；典當時來當者需要填上通訊地址，如果來當者在到期日（一般為 4 個農曆月後）仍未到當舖贖回典當品及繳交利息，當舖會寄信提醒當物已經到期，如果來當者只是遲了數天返回當舖繳交利息，一般當舖都會繼續安排續當。反而具規模的當舖，由於有公司制度，員工有守則要跟隨，這樣可以保障公司，減少損失的機會，但對當品的估值可能就較傳統當舖更保守一些。

2. 授權控制：中小型當舖一般都是由家族經營，甚至大型連鎖式當舖也沒有公開招聘員工，大多由親友介紹，否則很難入行，這個運作模式可以增加招聘可靠員工的機會，減少員工監守自盜的風險。

3. 資金預算控制：香港大多當舖在自置物業營業，所以一般的資金預算都集中在日常營運的資金流，由於每件當品的典當金額上限為港幣 10 萬元，所以一般當舖會估計每日有多少來當者，當然，每間當舖都會另備「備用金」，遇上生意暢旺，都可以有足夠現金應付；香港當舖暫時仍然是用現金交易，沒有採用電子結算，所以不時也需要到銀行存入及提取現金。

4. 財產保護控制：當舖每天均需要處理高價值典當物及大量現金，所以防盜、防火設施絕對不能鬆懈；現今當舖已經沒有學徒留宿，所以安裝防盜鎖、閉路電視、警鐘、防盜系統，購置夾萬、購買火險是所有當舖的基本安排。大型當舖只容許授權人員才可以進入庫房接觸夾萬，所以要安裝密碼鎖或者用員工證，以資識別。

5. 會計控制：香港現今很多當舖都已經採用當押業專用的電腦軟件去記錄典當資料，軟件具備贓物資料管理功能，對減低收到賊贓的風險極有幫助。軟件亦大多具備雲端儲存空間功能，可隨時隨地從任何裝置存取，當舖亦可以透過隨身硬碟將資料備份。

未有採用電腦軟件輔助的當舖，手寫當票填寫資料時，會盡量不留空間，避免被不法之徒有機可乘，塗改資料，原理跟開發支票時在填寫銀碼後加上「整」/「正」/「only」一樣。

現今大多當舖都會用上電腦軟件以記錄典當資料，從前當票編號是預先印刷好，作為內部監控的重要環節，當票中間有一個小孔，方便在入賬前用文件別針來儲存當票。採用電腦軟件後，軟件會按時序編印當票編號，一式兩份，一份給予來當者，另外一份由當舖存檔。

職員亦會在大簿上記錄每項典當資料，每日結算時，會將文件別針上的當票與大簿資料核對，確保所有資料準確，沒有遺留。

部分小型當舖會自行處理會計帳目，但有部分中小型押店，會交由專業會計服務公司或者會計師事務所處理，同時會計師亦會提供報稅諮詢服務。

6. 溝通控制：家族經營的當舖培訓模式主要基於平時觀察長輩處理典當的程序，加上長輩及行業的前輩分享經驗，耳濡目染之下接受在職培訓，大規模的當舖會安排例會、內部通訊等等，加強溝通。當舖一般都會跟行家密切溝通，除了通過港九當押商會的聯誼活動之外，他們也有 WhatsApp 群組，遇上黑名單客戶，當舖會在群組內提醒行家。

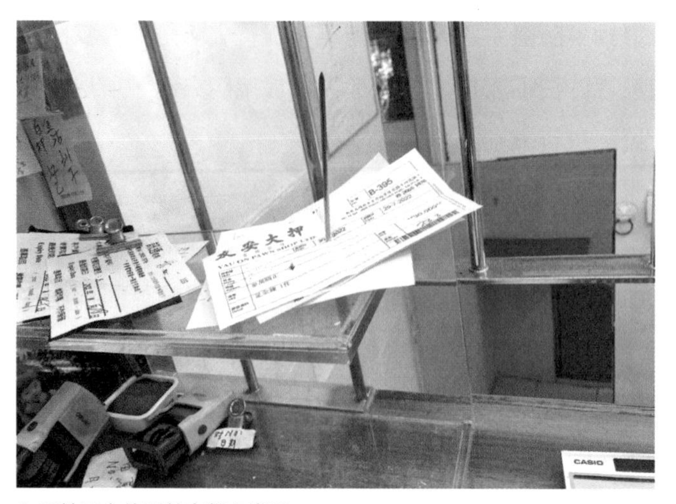

入賬前用文件別針來暫存當票

大簿上記錄每項典當資料

賊劫德昌押續詳

損失約七萬元

四匪搜刦約達一小時

〈賊劫德昌押續詳　損失約七萬元　四匪搜劫約達一小時〉，《華僑日報》，1947 年 5 月 8 日。

7. 員工凝聚力控制：中小型當舖的主要客戶群為熟客，營運模式相對有人情味，加上多為家族經營，所以容易增強團隊凝聚力。大型當舖會提供培訓，並且運用薪酬激勵方式，提升團隊績效。

保險

香港法例第 166A 章《當押商規例》對於當舖的營業時間有作出規管：農曆年初一前一天營業時間為上午 8 時至午夜，其他日子為上午 8 時至下午 8 時，於其他時間「任何人不得當押任何物品、收取任何物品的當押或贖回任何物品」，所以當舖會安裝防盜裝置，部分當舖也會購買保險。

1.6 貸款及利息

估價及貸款

店員會按新品價格及新舊程度對來當品評估舊品市價，再按舊品市值折算當物價值。由於來當品會有斷當的風險，故此典當金額會低於舊品市值，萬一當物被斷當，舊品市值與典當金額的差額，就成為當舖的利潤。香港法例第 166 章《當押商條例》規定，最高貸款額為港幣 10 萬元，換言之，無論來當品價值有多高，典當金額不可以超過港幣 10 萬元。

當期

香港法例第 166 章《當押商條例》界定就任何當押物品而言，贖回期限為由當押日起，4 個農曆月後期滿。來當人可以在到期日或之前，任何時間到押店清繳本金及利息，贖回當物。

《當押商條例》第十七條第（2）款列明：「如在任何款項的貸出日期起計 4 個農曆月屆滿前，借款人欲延續貸款，則當押商在借款人繳付當時應付的利息後，須准許延續貸款，而凡在此情況下，須向借款人交付一張新當票，並須在總登記冊上重新登記；而就第十五條及本條而言，新當票交付當日須當作貸出任何款項的日期。」所以，香港法例容許來當人選擇在到期日或之前，只清繳當期利息，再將當物續期 4 個月，當押商會向來當人發出一張新當票，並登記在總登記冊上，成為一張新的當押合約。

當票遺失

當票為記錄當押的重要文件，當有人交出當票或當票複本連同當時應付的本金及利息的全數予當押商，當押商必須將與該張當票（或當票複本）及該筆貸款有關的物品交付當票持有人；否則，當押商便違反《當押

12. Every pawnbroker may demand, receive and take simple interest, over and above the principal paid or advanced by him upon any goods pawned with him, from the person applying to redeem the said goods, before redelivering the same, at the following rates or at such other rates as may from time to time be prescribed by the Governor in Council:

Interest on loans. †

	First month.	Succeeding months.
On any sum—		
not exceeding $1	10%	3%
exceeding—		
$1 and not exceeding $7	8%	3%
$7 ,, ,, ,, $14	5%	3%
$14 ,, ,, ,, $42	3%	2%
$42 ,, ,, ,, $140	2%	2%
$140	2%	1½%

† As amended by Law Rev. Ord., 1939, Supp. Sched.

1930 年第一次修訂《當押商條例》規定的最高利息

商條例》第十五條第（1）款，即屬犯罪，當押商可被處第三級罰款[3]及監禁 6 個月。

如當押人（借款人）或物品的擁有人遺失或誤置當票，又或者被人以欺詐手段取去或獲取當票，應立即通知當舖，辦理當票報失手續。假如典當物品仍未被贖回或被售出，持當人本人則可持身份證辦理取贖手續。同時持當人亦可在完成下列手續後，由當押商向該人發出有關當票的複本：

(a) 出示其身份證明文件並自稱為借款人或物品的擁有人；

(b) 交出訂明款項以支付開支；及

(c) 以訂明的表格作出法定聲明，說明遺失當票的情況，並將該法定聲明交給當押商。

3　香港法例第 221 章《刑事訴訟程序條例》附表 8「罪行的罰款級數」，現時生效的刑事罪案罰款分級如下第一級：港幣 $2,000；第二級：港幣 $5,000；第三級：港幣 $10,000；第四級：港幣 $25,000；第五級：港幣 $50,000；第六級：港幣 $100,000。

利息

現時香港法例第 166 章《當押商條例》規定，每農曆月單利息利率最高為 3.5 厘，即每港幣 $100 本金，利息為港幣 $3.5。過了一天也會算一個月利息，換言之，按押港幣 $100 本金，農曆第一個月內任何一日贖回，利息皆為港幣 $35，農曆第二個月內贖回的利息為港幣 $70，農曆第三個月內贖回的利息為港幣 $105，農曆第四個月內贖回的利息為港幣 $140。

2. 澳門當押業的管治問題

2.1 企業的管治架構與風格

2.1.1 當舖的組織架構

單一當舖

澳門的當舖大部分都是小型單一當舖，一般只有老闆和幾位員工，老闆通常也會擔任「朝奉」，負責典當品的鑑價出價和決定收當事宜。這類小型當舖由個人管理，經營模式隨管理者的喜好而定，內部人員亦沒有很明確的分工，可能同時負責典當和銷售工作，因此並不具備完整的企業模式。

小型連鎖當舖

澳門也有小部分實力雄厚的當舖會開設分店，例如百順押有限公司，其在澳門氹仔有 4 間門店，分別是百順押、百發押、百福押和百富押。雖然有連鎖分店，但當舖在經營模式及架構上仍然較為傳統，一般仍然是由老闆決策為主導。因為店舖較大，人員分工上會相對明確，有負責鑑定典當品的朝奉，下面還會有資深學徒協助，另外可能還會有初級學徒，負責其他雜項工作；當舖內劃分明確的零售區域，有專門的銷售人員，負責銷售流當品或全新商品，接待購買商品的客人。個別當舖還會有專門的會計人員。

總體來說，澳門當舖的管治風格相對守舊，一般只要老闆有什麼決策，就可以隨意改動經營模式。

2.2 歷久彌新的企業管治經驗與文化

澳門當舖雖然不少轉型以零售為主，門面設計也與以前大大不同，但其典當功能確實為民眾在正式金融體系外提供了一個快速便捷的融資渠道。而且當舖仍然保留不少典當業的傳統文化：例如典當期以農曆月份計算；每間當舖在當票上使用自定的「字匭」；門口懸掛傳統的「蝠鼠吊金錢」招牌等。

2.3 人才招聘與培訓

澳門的當舖一般都是採用學徒制來招聘和培訓人才，去當舖當學徒很多時候都要依靠熟人或親戚介紹，因為需要老闆信得過的人。當然也有的當舖會通過廣告招聘學徒。

學徒除了要負責協助店舖的各項工作，也要跟師傅學習一些鑑定知識，包括金器，主要是鑑定純度，其次是鑽石的成色、淨度、切工和卡數，另外還有手錶。手錶較為複雜，除了對款式和特徵要有所了解，有時更要認識品牌歷史和工藝。一般要學成出師需要三四年，對比過去需要10 年以上才能擔任朝奉的職位來說，已經是很迅速了。在澳門從事典當業的業者，沒有像其他地區硬性要求參加相關的專業課程，獲得鑑定專業證書等證明。

當舖的「字匭」文化至今仍然存在

2.4 會計與財務管理

當押業是從事借款收取利息的行業，為有需要人士周轉資金，因此經營當舖需要大量的現金用於放款，同時應付各項經營成本的開支。雖然借款有抵押品，但當舖同時也要面對無法回收借款的壓力。如客人不還款，流當品是否容易處理變回現金，是否可以抵消當初借款的成本等問題，都成為當舖在財務管理上需要考慮的要素。如沒有嚴格的會計與財務管理，當舖自己也會很容易面對資金周轉不靈的困境。

資金籌集

在財務上，開設或經營當舖首要考慮是資金的籌集。由於澳門並沒有規管典當業的相關法例，因此開設當舖也沒有最低資本的規定。但澳門熱門地段的舖租昂貴，如果想開設在賭場附近人流較多的地點，一個月租金可達五六十萬。而且租店舖時需要先付相當於兩個月租金的按金及第一個月租金，因此只是在租用店舖方面已需要過百萬的資金。另外開店的裝修設備也是不小的開支。所以開設當舖之前，一定要籌集足夠的資金，包括投資者、股東自身資金的投入，也包括向外借款來投入典當業。

營運成本及支出

有了足夠的資金開設當舖，便要考慮資金的運用和規劃。經營當舖所需的成本及支出主要包括：

1. 用於典當借款的資金成本：當舖是提供典當借款的機構，必須有大量的現金以應付客人的需求。而且典當生意越好，放款的速度越快。是否有足夠的現金流轉，用作借款十分重要。
2. 流當品成本：沒有被贖回的典當品成為當舖的商品存貨，等於貨物成本，當累積的流當品越來越多，無法及時轉化為現金，當舖的成本便會越來越高。
3. 商品成本：大部分當舖亦會出售全新的商品，如金飾、珠寶、手錶，因此會有進貨成本。
4. 當舖營業場所租金及設置開支：除非營業場所為直接購入的物業，否則還有每月的租金開支。另外營業場所每月還有電費、網絡費用等各項雜費。
5. 人工開支：包括老闆、員工的薪金，各項有關勞工方面的開支。
6. 營銷開支：澳門的當舖很少主動採取營銷廣告策略，所以一般很少這方面的開支。
7. 辦公用品開支：基本的辦公用品和鑑定用品，以及保管典當品的保險箱。
8. 其他開支：包括如交通、出差費用、交際費用等其他開支。

營利收入與利潤

澳門當舖的營利收入來源於典當借款的利息和流當品（包括全新商品）的銷售，以及為賭客提供刷卡套現服務獲取匯率差價。

澳門當舖收取的利息一般為月息 5%，有時熟客，或客人討價，有些當舖也可低至 3% 月息。由於現時澳門很少有本地人通過典當融資，所以典當業務並不是大多澳門當舖的主要收入來源。

目前商品零售是澳門當舖的主要營收來源，包括流當品和全新商品的銷售。流當品的銷售額需要扣除典當借款的金額，多餘的部分才能成為利潤。因此當舖在收當抵押物品的時候必須掌握相關物品的市場價值及趨勢，按比例放出借款。那麼在商品流當後，當舖按市價售出商品，才能賺取差價。至於銷售全新商品，當舖會派員到外地直接購貨，尤其是到歐洲可以較佳價格購入名牌商品。因此當舖所出售的高檔消費品較專門店便宜不少，這一點可吸引客人來當舖購買，形成薄利多銷，從中獲得利潤。

當舖獲取利潤的方式還有刷卡套現服務，也稱質押套現，通常是指賭客在澳門當舖用銀行卡購買奢侈品，然後再在同一間當舖將商品兌換成現金。而當舖在這種情況下，會賺取 5% 至 10% 的匯率差價。在高峰時期，據報曾有當舖刷卡套現的金額每日可達千萬，當舖的利潤則可高達百萬。

2.5 內部控制與安全

典當業需要處理大量現金和高價值物品，面對的風險比一般行業高。在典當交易中，當舖最常見的風險則是收當了假貨或賊贓，往往會讓當舖直接損失資金。當舖內部員工監守自盜的情況也偶有發生。另外在經營過程中，管理者的決策、員工的能力都會影響當舖所面對的經營風險。因此當舖需採用一些企業內部控制方法，降低風險，同時提高自身的競爭力。由於一般澳門當舖並沒有採用具規模的企業管治措施，其內部控制與安全還是停留在較為基礎的層面。

內部控制與安全

1. 員工分工控制：當舖中一定需要有朝奉來鑑定物品，決定收當。經驗豐富的朝奉可以減少收到仿製品的風險，避免遭受損失。
2. 授權控制：內部管理者及員工有不同的授權範圍，如一般只有老闆或朝奉才可以接觸現金存放和典當品保險箱等。
3. 資金預算控制：經營當舖涉及大量資金，必須控制借款比例，各項營運開支，確保資金可以不停周轉，否則陷入經營危機。
4. 財產保護控制：由於當舖內部通常存放大量現金和高價值的商品，因此當舖內部安全十分重要。澳門的當舖都有幾個保險箱來存放物品，也會安裝閉路電視、警鐘。而且澳門當舖一般都是 24 小時經營，每時每刻都有員工看守，可以減少發生偷盜的情況。
5. 會計控制：會計財務方面一般都是老闆親力親為，只有個別當舖聘請會計師，專責處理會計及內部監控相關工作。
6. 員工凝聚力：本身作為傳統行業的當舖，對員工管理較有人情味，同時當舖管理者願意培養員工成為專才，這些都會加強員工的凝聚力。再加上當舖提供的薪水較高，也可以減少員工作出不利當舖行為的風險。另外澳門當舖還規定員工不可賭博，也是要減少員工沉迷賭博後可能會為當舖帶來損失的風險。

保險

澳門並沒有法例規管當舖一定要購買保險，而且現在當票與舊時一樣，上面仍然印有「蟲傷水火盜賊意外等事各安天命與本押無涉」等字句來保障當舖，不過當舖對典當物品確實有妥善保管及避免損壞等責任，如發生問題，當舖一般還是會賠償。雖然澳門當舖隨時都有員工看守，但總是有機會發生意外，而且當舖中都是高價值的商品，一旦發生意外，損失可能會很慘重，所以購買保險仍然可以減低外來的風險。

2.6 貸款及利息

估價及貸款

當舖借款金額視乎典當品的市場價值而定，由於競爭激烈，一些商品的押價可以高達商品市場價值的九成。

當期

一般物品的典當期限以 4 個月為期，手機等電子產品以 1 個月為期。當期內或到期時憑當票歸還典當金額及繳付利息即可贖回典當品。

利息

澳門當舖典當物品一般物品收 3% 至 5% 月息，手機等電子產品收 5% 至 10% 月息。如果是熟客，當舖一般直接提供最低的月息（即一般物品 3% 月息，電子產品 5% 月息）。另外當舖以農曆日期計算月息，超過 1 日以 1 個月計息。

3. 中國內地當押業的管治問題

中國內地典當業自 1987 年復生，近些年得到了快速發展。但典當行業在從傳統走向現代面臨著許多新情況、新問題。中國政體及其法律體系、長期形成的意識形態、經濟社會的發展、科學技術的進步、現代金融體系和金融服務的日臻完善、融資市場對外資的逐步開放等等，無疑都嚴重影響著區域典當業的內外結構及經營管理。

3.1 企業的管治架構與風格

3.1.1 典當行的組織方式

中國內地典當行從組織方式上看，可分為 4 種類型：單一制、分支制、連鎖制和集團制。

單一制

單一典當行制是指每間典當行都是一個自主經營、獨立核算、自我約束、自我發展的實體機構。它不設分支機構，既不歸其他任何一間典當行控制，也不控制任何一間典當行。這種典當行組織方式的優點在於：有利於在典當這種特殊行業限制壟斷性大典當行的產生和發展，保證眾多競爭主體的存在；有利於保障小典當行的經營安全；有利於防止過分集中，保持地區之間的相對經濟平衡。單一制的劣勢在於：難以滿足工商客戶的融資服務要求；不利於風險防控和分散，特別是不能適應經濟的發展。

分支制

指在《典當行管理辦法》允許範圍內，經過審批，在各地（主要是省內）設立分文機構的典當模式。採取分支行制的典當行的總部一般設在大都市，各地的分支行由總部統一領導。

與單一制相比，分支行制有以下優點：一是能形成規模經濟效益。分支行可以更廣泛地採集業務資訊，利用網點佈局優勢發展貸款物件、擴大貸款業務，獲得更多市場機會。二是符合安全性原則。由於放款分佈於各地，使其資金地安全性不受制於某一地區的風險狀況，即使某一地區分支機構或總部發生了經營困難，亦可通過其他分支機構的支持予以解救。三是有利於提高服務品質和開展金融創新。

雖然分支行制有上述優點，但亦有一些缺陷：第一，分支行制的典當行一般實力雄厚，規模較大，在某一地區業務過分集中某一間典當行，容易造成行業壟斷；第二，分支機構過多，典當行規模龐大，內部管理層次增多，一般缺少靈活性，將會加大管理難度。

連鎖制

連鎖制是指某一典當行根據發展需要，通過採取直營連鎖、特許加盟、自願加盟等形式聯合組成一個鏈條式典當經營體系。在典當連鎖經營中，企業經營理念、識別系統、服務方式以及所有規章規定均以總店為標準，並且業務操作上要達到系統化、標準化、簡單化，管理上要形成一元化、一致化、一貫化。

典當連鎖經營的優點：一是可以彌補「單一制」的不足，通過發揮典當行業各不同個體的專業水平並採取相互結合的辦法，將小企業迅速做大，有利於佔領典當市場份額，較快提高企業整體實力。二是有利於形成典當企業經營品牌，提高知名度，樹立良好的社會形象。三是有利於經營決策的貫徹執行及企業內部管理控制。

連鎖經營的缺點也很明顯，即總店必須提供強有力的健全、高效的後勤管理支援，確保各連鎖店順利運作，這勢必加大總店管理包袱，削弱總店經營能力，導致決策時效較長，而各連鎖店可能因整體意識不強、統合性差，形成各自為政的局面，造成總部控制力減弱、費用增高、人力雙重消耗大等後果。

集團制

又可稱作「持股公司」。是指由某一集團成立一間股權公司，再由該公司控制和收購一間或多間典當行，進而控制這些典當行的業務和經營決策。當前中國尚沒有明確法規限制同一股份公司為多間典當行的控股股東，但由於各種原因，還沒有出現規模較大的集團制典當行。

3.2 歷久彌新的企業管治經驗與文化

歷史悠久的中國典當業，有著極為豐富、多彩的行業管理經驗與文化。30 多年來，中國典當業從復生到發展，企業經營管理則也是在嘗試與探索中不斷積累與完善，形成了其獨特的行業文化。

3.2.1 歷史上的典當業管理與文化

歷史上典當業管理特色

歷史上的典當業，以其職業活動的單一、特殊，經營管理的內向、封閉，使之在其他行業習慣的經營管理之間顯示出較強的個性。這一行業的特殊性，比較突出地反映在行業人才培訓、內部規約及典當行的物品管理等方面。

1. 行業人才培訓：歷史上典當業的人才培訓採用學徒制度。其從業人員的培訓，基本上都是採取師徒傳承制度，而不是由專門學校進行專業培訓。學徒在未出徒期間，要幹雜活，伺候掌櫃。而且終日長年不許外出，守在舖子裡。說是促其專心學習業務和便於隨時聽候派遣；實則也是戒備學徒私自往來帶走錢物，或避免其受人誘使內勾外聯危及舖中錢財。學徒多是一舉定終身，難以跳槽再謀他業。因而，典當業從業人員父子相承者多，親故關係者亦多。

2. 典當行內部規約：典當業普遍存在各種成文或不成文的行業規約。一般從經理到學徒，都吃住在當舖，均不得帶家眷。從業者不許隨便外出。外出需准假，但必須在下午 4 點前歸宿，不得在外吃晚飯和留宿；所帶出的包裹要經人查驗；從業者生病，舖裡按照慣例不負責治療等。

3. 典當行的物品管理：典當物品由典當行與典當人雙方當時當面點清、封存並加蓋印鑑，這已成為典當行必須遵守的基本規章制度。典當雙方成交，當品入庫，無論當期長短，典當物品總是要在典當行留置一段時間。因此，典當物品管理就成為典當行經營過程中不可缺少的組成部分，只有作好入庫當品的保管工作，使其不受損害與滅失，才能使典當業務順利運行，才能有經濟效益，才能有企業信譽。從某種意義上講，典當物品保管是整個典當業務活動中最重要的一環。典當行都非常重視物品保管，並想出很多辦法，對當物作出力所能及的妥善保管，主要有：

(1) 分區分類存放。這是典當行最基本的保管方法。一般是貴重物品入貴重物品庫，如金銀飾品、珠寶玉器、有價證券等放在保險櫃中。較大件的擺設、古玩、字畫及高新技術產品等，放在鐵櫃或木櫃中。

(2) 存放要寬鬆、有序、整齊。無論上架物品還是地面擺放物品，都不得擺放得太緊太密，留有間距，這既避免刮碰，損害物品；又有利於通風和通行，方便取出和進入。所謂有序，就是要按類、按入庫先後，依次順序存放，這既便於查找和管理，也便於出庫。

(3) 整理養護為典當行員主要的保管業務。各類當物分別入庫之後，保管員必須根據不同物品的質料特點，入庫時間等情況。定期檢查整理，給予養護，從而及時發現問題，最大限度地減少保管過程中發生的損失與毀壞。

(4) 加強防火、防盜的安全檢查。庫房內嚴禁放置易燃易爆物品，嚴禁煙火。購置必須的消防器材，要求保管員會熟練使用。加強防盜工作，經常巡查庫房，及時發現隱患，及時處理。

典當行的傳統企業文化

基於行業特點，典當行基本上是在封閉和近乎神秘的狀態下經營發展著。在漫長的歷史歲月中，它不僅逐步完善著自己獨特的經營管理方式，也伴隨著中華文明的發展，創造了以反映和維護本行業利益的較為豐富的典當文化，主要體現在以下方面。

(1) 典當書體：即「當」，中國舊時典當業的專用書體。間雜漢字草書寫法或由草書變化而成。當字應用於書寫當票，功能在於：一為迅速，一揮而就；二為行外人難以辨識、摹仿，可以防止篡改、偽造；三則因行外人不識而又可被不法當舖用來作弊欺詐、盤剝當戶。總之，當字事實上已成為舊時典當業內部流行的行業秘密字，是文字的社會變體。典當業中傳說，明末山西民間畫家兼江湖郎中傅山首創當字，編有《當字譜》。《當字譜》全部 40 頁，每頁上下各豎書兩行，計四行當字，內例小字標注相應的當字內容，如「灰文布夾襖」、「藍塔布夾襖」等。全冊錄當字凡約八百餘，悉按實際典當常涉內容成句連書，每行最末一字的末

典當行窗外貼有「當」字，
相當醒目。

筆大都略頓一下向左上方急提一筆。《舊北京典當業》載：「徒工入舖，必須學習當字，每人都給《當字本》一冊，是請內行善書者寫的。當字本一冊有幾十頁，實際草字並不是太多，多數仿照開票樣式，舉出各種實例來。」

(2) **當業讀本：**現存中國舊時典當業的 5 種知識讀本，即《當譜》、《當字譜》、《典業須知錄》、《典務必要》和《當行雜記》。成書於明清兩代，清末有手寫傳抄本。內容包括典當業基礎知識、經驗總結等，均為歷史上典當學徒的啟蒙讀本，發揮過培訓從業人員的教材作用。

(3) **詩詞與楹聯：**典當作為與廣大群眾密切相關的社會經濟活動，又作為社會現象，人們有愛有恨，有血有淚，褒貶不一，只緣身份地位不同。舊時當舖門面貼用的諸多楹聯，很有特色，大多既反映了典當的功能，又掩飾了重利盤剝的一面；既含蓄幽默，又饒有風趣，是典當企業文化中一道絢麗的風景。例如：贖衣權子母，典物救緩急。物多銀子厚，本大利自長。此間更有方便路，吾家廣造渡人舟。南北客商來南北，東西當舖當東西。南通州，北通州，南北通州通南北；東當舖，西當舖，東西當舖當東西。

隱語行話，又稱秘密語，江湖上謂之「春典」，是一種以遁辭隱意、譎譬指事而迴避人知為特徵的社團俗語。唐宋以來即已經出現了許多行業群體的隱語行話。中國舊時典當業的隱語行話，其語彙多具典當行業特點，反映本行業、本群體行事所涉事物為主要內容。例如清末民初的典當業，稱袍子為擋風，馬褂為對耦，馬夾為穿心，褲子為叉開，狐皮、貂皮為大毛，羊皮為小毛，等等。

（4）**習俗崇拜：**典當以錢串為原型的特殊招幌。既是其流通錢幣、調劑金融的象徵，也是一種比崇奉財神更為隱諱一些的逐利心理的寫照。因而，掛招幌時要求格外小心，不得落地，否則便認為晦氣、不祥。

典當業被認為源於佛寺，卻未直接崇奉佛祖釋迦牟尼為行業祖師，而是從自身行業特點和經營活動的現實需要出發，選擇了直接與財富相關的財神，和與保管收當物品相關的「火神」、「號神」，求庇按災的現實功利性顯著。祈求一向以施財護財為旨的財神庇佑，亦向恐遭其傷害的火與老鼠的主宰神靈求助，是一種充滿矛盾的行業崇拜。

（5）**專業標識：**典當業的行業標誌除了其高大、森嚴的店舖建築和營業櫃檯外，專門用以作為行業標誌的則是其當行獨有、別具一格的典當招幌了。典當招幌有標識經營內容、招徠顧客等作用。同時，作為別具一格的商業裝飾，在古時由於封建迷信思想較為盛行，典當招幌的形象或擺設會對典當行的生意和信譽產生重要的影響，因此被格外重視，久而久之在如今已形成相應的習俗。典當招幌按其內容可以分為文字幌和標誌幌。

文字幌，顧名思義，是通過「典」、「當」、「質」、「押」等單字以醒目方式書寫於牆、屏或懸掛的招牌上面，以此直接挑明典當行的經營內容。明清時期，典當行大多被稱作「典當」或「當舖」，因此常常會在舖門前挑掛兩面大書「典」字的「一字招」木牌。長方招牌四角用銅片包飾，「當」字之外間或書以小字舖號。至清代，因迫於政府律令而以小字在牌下消標示「軍器不當」字樣。清末民初，廣東典當業不實行領當帖繳稅制度，而是繳餉銀，因而其字招則多書以「餉按」、「餉押」字樣。而且牌子形狀亦有區別。「當押店」的招牌式樣，是由清政府規定而相沿下來的，三年當店是葫蘆形，兩年按店是圓形，一年大押和半年小押，均屬方形。在招牌上除店名外，還要刻明「當」、「按」、「大押」及 5 兩 2 分、10 兩分半和押物期限。至半年期限的小押，則僅刻期限，不刻小押，只刻「餉押」，也無 5 兩 2 分或 10 兩分半的標明，這是當押行一般的通例等等。

綜上所述，歷史長河中的典當企業充滿了以反映典當、服務典當為內容豐富的行業文化。

3.2.2 典當業管理與文化的現代發展

中國內地典當業經過了 30 多年的重新探索，由於受政體與意識形態等諸多因素的影響，典當業呈現出其獨特的管理方式與文化。

在中國，歷史上的當舖被認為是舊社會的官僚、軍閥、地主、資本家等開辦的企業，是以牟利為目的，多是乘人之危，進行高利盤剝，榨取典當人財物的工具，具有明顯的剝削性質。因此，在所謂社會主義市場經濟體制下的典當行，雖然仍沿用以實物質押、融通資金的方式，但其經營管理被要求與舊社會的當舖有根本區別。

為了規範典當經營業務秩序，使其能夠正常健康地運行和發展，中華人民共和國公安部於 1995 年 5 月發佈了《典當業治安管理辦法》。2001 年 8 月國家經濟貿易委員會制定並頒佈了《典當行管理辦法》，對典當行的設立、年審制度、股本金、業務範圍、當票、業務管理、罰則等都作了明確規定。在中國《典當法》沒有出台之前，這兩個《辦法》就是典當行必須執行和遵守的國家法律。1997 年 11 月全國典當專業委員制定並通過了《全國典當專業委員會典當業務操作規程》和《典當行規約》，為典當行的自律管理和規範化運作作了制度上的安排。為了確保國家法令的貫徹執行，按照規範化的要求，各地為典當行還都制定了企業的規約和制度。這些規章制度從總體上分為兩類：一類屬於業務規約方面的，如《典當辦法》、《典當須知》、《典當行業務簡介》、《典當行服務辦法》等等；另一種屬於企業內部管理方面的，如《崗位責任制》、《安全保衛制度》、《財會制度》、《物品管理制度》等等。從整體上看，中國典當業經營管理都要求有相同的經營宗旨，遵循相同的經營原則，建立起相似的基本職能。

典當經營宗旨

中國內地典當業經營要求以服務為宗旨，為社會主義市場經濟服務，為群眾生活服務。

典當經營原則

中國內地典當行經營業務時須遵循的經營原則是：

(1) 平等、自願原則。典當局於民事行為，雙方當事人在法律地位上是平等的，不能認為借款的一方就低人一等。雙方當事人對當金、利率、當期、回贖等事項的約定和承諾，原是在充分協商、慎重考慮的基礎上自願達成的，不應存在任何一方有強制、欺詐的行為。

(2) 公平、誠實、守信用的原則。物品典當後交換的範疇，應自覺遵循等價交換的規則，收當人應做到公平、誠實、守信用。具體講來，就是要真正體現互為依存，雙方有利。

要使交當人有利。收當人貸款收息的目的是說明交當人解決資金周轉上的困難，利息、保管費的計算要在國家法律、政策規定允許範圍內進行。

典當行名旁寫上經營原則，以起強調作用。

要使收當人有利。要保證收當人在扣除經營中的支出後仍有收益。在市場經濟活動中，交當人借貸用於經營活動可得到利潤，收當人有權分享收益，即獲得利息，這是正當而合法的。根據有關規定，典當利息率可以高於銀行同類貸款的利息率，用以保證收當人的合法收入。

收當人要以真誠的態度對待交當人，真心幫助交當人解決困難。要嚴格遵守合同，估價公道，收費合理，講究信用，履行應盡的義務。損壞當物，按章賠償。

(3) 安全保密原則典當行必須全面負責當物的保管工作，嚴禁危禁物品入庫。要落實各項安全措施，及時發現和處理變質物品，盡力減少不可抗力所造成的損失。典當涉及到交當人本身的經濟利益，根據國家保護法人財產和公民合法財產的規定，收當人有責任為交當人的姓名（名號）、當物、當金等保密，不允許洩露外傳，不得對案件中的交當人的對方擅自提供情況（法律規定的除外）。

典當基本職能

中國內地典當業的職能要求適應商品經濟發展需要。典當基本職能有：

(1) 貸款職能。即在不變更資金所有權的情況下，通過約定期限、利率、方式等條件，將貨幣資金供給企業、單位或個人使用，達到融通資金的目的。典當貸款既是典當行獲取利息參與社會利潤分配的主要業務，在典當行各項資產業務中佔有主體地位，也是典當行對社會提供融資服務的首要職能。

(2) 保管職能。即典當行在以質押方式開展典當放款業務中，當戶將所質押物品轉移給典當行佔有，典當行有保管義務，當戶到期還款贖取典當物品時，質押物品必須完好如初，這便體現出典當行對當物的保管職能。典當行如將保管範圍對外擴展，以典當行特有的庫房條件、硬軟體設施、管理制度等安全優勢向社會提供貴重物品保管服務，會使典當保管這一職能更加社會化。典當保管不僅體現典當行的良好信用，而且為增加保管費收入、創造典當效益發揮重要作用。

(3) 商品銷售職能。典當行對已經成為絕當的物品進行變現處理，將所有小額絕當物品在典當門市銷售。由於典當行在長期經營過程中總會產生一定比例的絕當物品。久而久之，典當行這種對絕當物品的銷售職能不斷加強，這使典當銷售的職能極為突出。典當商品銷售職能是典當這種特殊融資方式派生出的純商業功能，它在加速典當資金周轉，提高典當行收益方面起著很大的作用。

(4) 鑑定評估職能。典當行專業人員對當戶提供的任何當物都要進行鑑定評估，鑑定評估是典當各個程序中最重要最關鍵的環節，已成為典當行特有的服務。不管典當業務最終是否成交，通過這一過程，當戶都對自己所持物品的成色、真偽、性能、價值等情況有了明確認知，這使典當的鑑定評估實際上成為一種專項服務職能。該職能為典當行查驗當物、防範風險起著至關重要而不可替代的作用。

3.3 企業的人才與培訓

典當作為一門極具特色的專業，在中國的教育體系中尚屬空白。同時，由於行業人才「青黃不接」，行業進一步發展面臨極大的阻力。加強培養與行業發展以及時代需求相適應的人才是亟待解決的一大問題。

隨著中國典當行的不斷擴張，人力資源短缺問題更加突出。新成立的典當行因找不到合適的人才，長期無法開業，並且行業內還出現了「人才挖牆腳」的現象。此外，部分典當行因缺乏高品質的典當人才，在經營中面臨極大的風險。

除了人才儲備不足，中國典當行業還存在人力資源結構失衡的問題。事實上，典當行業並不缺乏一般從業人員，由於培訓週期短，並且只要通過從業資格培訓和考試即可滿足整個行業的需求。從一定程度上來看，一般從業人員的培訓完全可以與典當行業的發展同步進行。然而，典當行業嚴重缺乏高層次管理人才，這危及到整個行業的業務創新和發展。對於單個典當企業來說，這關係到企業的盈利能力，甚至企業的生存。即便如此，由於典當行業的特性，高層次管理人才的培養週期比較長，並非一朝一夕的事。

另外，缺乏具有豐富行業經驗的高級專業人才是典當企業發展所面臨的瓶頸，比如對文玩字畫等的鑑定就需要非常專業的資深人士。然而這類人才無一不是幾十年如一日在行業中歷練打磨出來的，因此其數量極為稀少。目前中國每年以較大規模增加典當企業，如果每間典當企業配備一個高層經營管理人才，每年就需要數千多個。

鑑於目前的人才缺口，企業想要匹配適合的人才需要從招聘和培訓兩個方面著手。人才招聘增加多元管道，與大學聯合招生培養典當人才，強調跨學科培養，課程計劃設定豐富的人文歷史課程以及管理課程，為典當行業儲備高學歷人才；此外可以開放引進境外典當人才，結合不同的文化背景，碰撞出新的管理營運思路。

除了人才招聘以外，企業想要良性發展，必不可少的就是對員工的職業化培訓。大型企業可以建立專業化培訓管道，轉為典當行業培養特殊的人才，聯合人力資源部門，制定從業證書；優化現行師徒制度，對師徒制進行合理的績效考核，設定師傅帶徒紅利等等。培訓的角度可以大體涵蓋 5 個方面：從典當業務中解讀《民法典》、新形勢下典當業務迎新與守舊、房產業務的風險分析與防範、典當最新財稅政策解讀、典當行監管法規與業務辦理。具體內容可以根據企業特色進行優化。

3.4 企業的會計與財務管理

典當行是經營貨幣商品的企業，它不直接從事商品生產和流通，但它的貨幣借貸業務活動卻延伸到生產和流通領域，其業務活動直接表現為資金的運動，典當行的資金運動過程伴隨財務收支的過程，其中籌集資金要付出成本費用，運用資金會產生營業收入，收支的差額反映了典當行經營水平高低。典當業的財務管理，是現代典當行經營管理的核心和重點。

典當行財務管理就是根據有關法律、法規制度，對典當業務過程中所發生的各種財務收支活動和經營成果進行組織、調節、控制等一系列管理工作的總稱。中國典當行財務管理的內容，從兩個角度考慮：

(1) 資金運用：典當行財務管理從資金運用的角度考察包括資金的籌集、使用、耗費、收回、分配等各個方面。具體內容如下：

a. 資金的籌集。典當行的主體業務決定了其必須首先擁有相當數量的資金，這些資金既包括股東的入股資金，也包括對外借款，是典當行可支配的典當資金，是從事經營的必要條件。

b. 資金的運用。典當行有了資金來源，主要用於以下幾個方面：

(1) 發放典當貸款；

(2) 興建營業或辦公用房，購買必需的設備器具等，這些都形成典當行固定資產和低值易耗品；

(3) 購買必需辦公用品，支付員工勞動報酬和其他管理費，這些是典當行從事業務經營所必需的盈利手段。

c. 資金的耗費。典當行從事業務經營活動即將資金從放出到回收過程中，要使用器具、設備等固定資產，造成磨損，要消耗辦公用品等物資，對借用的資金要支付相應利息等，這些費用支出就構成了典當行經營成本。

d. 資金的收回。典當貸款到期後，典當行收回資金，但收回資金比放出去的金額多一個追加額，即利息和費用收入，典當行的這些業務收入減去其經營成本，就是利潤。

e. 資金的分配，典當貸款資金回流典當行後，重新加入新的典當業務資金循環，作為其增值部分，應作幾方面的分配：

(1) 補償業務經營過程的活勞動和物化勞動的耗費；

(2) 上交稅金、利潤；

(3) 提取股利，用於分紅；

(4) 計提各項專用基金；

(5) 提取風險基金和轉移資本金。

(2) 財務工作範圍：在中國內地，按照典當財務管理的工作範圍，它包括以下內容：

a. 成本管理。典當行成本管理，包括成本費用的形成、成本費用計劃的編製、成本費用的預測、成本費用控制、成本費用的分析等內容。

b. 利潤管理。典當行的利潤管理主要包括利潤的形成、利潤的分配、利潤的計算與運用、利潤的分析等內容。

c. 財產管理。典當行的財產管理主要包括固定資產的形成、損耗、折舊、轉移報廢等，低值易耗品的形成、報廢以及其他財產的管理等內容。

3.5 企業內部控制與安全

典當行本質上仍然是企業，因此其經營目標自然是企業利潤的最大化。為此，典當行更加青睞高收益的資產專案，然而高收益的同時勢必也將面臨更高的風險。穩健的經營管理者在高收益與高風險之間進行權衡，力求以較低的風險獲得較高的收益。要做到這一點，就必須加強業務風險的定性與定量分析，加強企業內部風險的防範與控制。

典當行的業務風險是典當行在經營管理過程中，由於決策失誤、客觀情況變化或其他原因，使典當資產收入、信譽遭受損失的可能性。在中國一般採取內部預防、宏觀控制以及經營保險等化解風險。

3.5.1 內部控制

中國內地典當業在具體典當業務操作的各程序中，針對每一步驟、每一環節存在的風險，一般都會制定相應的預防措施，主要包括如下幾方面：

(1) 樹立法治觀念，提高法治認識，強化法律、法規學習，自覺規範經營，做到知法、履法、守法，有效規避法律政策風險。

(2) 強化從業人員業務素質培訓，特別是經理人員及主要業務骨幹的業務技能培訓，實行培訓上崗制、典當估價師執業資格制，不斷提高典當專業人員鑑定水平和估價水平，提高全行業群體綜合素質。

(3) 加強信用分析，尤其是大額貸款客戶，要通過對其資信狀況進行調查，了解其財務狀況、償還能力及借款使用專案的可行性，嚴格遵循典當放款操作程序，努力把好放款品質關。

(4) 建立典當行自己的各類「商品市場價格資訊網」，包括新產品價格、二手市場價格，建立穩定的多重的資訊來源管道，搞好市場訊息的搜集、整理、匯總及回饋工作。

(5) 疏通絕當物品二次流通管道，廣交朋友、廣闢蹊徑，與較大型舊貨市場、專業商品交易市場等單位建立長期合作關係，徹底解決典當的最後一道也是最重要的工序——絕當物的市場變現，只有從根本上解除後顧之憂，才能逐步杜絕其市場風險。

(6) 建立和完善幾種重要的典當比例關係，確定各種比例關係的控制目標，不斷調節、控制、管理，有效防範典當比例失調的風險。

(7) 建立健全內控制度，落實崗位責任制，建立適合典當企業的約束機制和激勵機制，努力在傳統的典當業確定現代企業管理制度和運行模式，運用現代企業的經營理念、薪酬制度、股權制度、增加企業凝聚力，調動員工積極性，從根本上解決職業道德風險問題。

3.5.2 宏觀控制

在風險發生之前或已經發生時，採取一定的方法、手段和運用某種策略，達到減少風險損失，增加風險收益的目的。中國的典當業風險控制一般包括 5 種策略：風險迴避、風險抑制、風險分散、風險轉移、風險補償。

風險迴避

指決策者考慮到風險的存在而主動放棄或拒絕承擔該風險，屬於事前控制。風險迴避是保守的風險控制辦法，不承擔風險當然就不可能蒙受風險損失，但面對這個風險叢生的市場經濟社會，一味地迴避風險只可能意味著管理者不思進取，一事無成，風險和收益成正比是一般規律，迴避風險也就是放棄了獲得風險收益的機會。所以應當在權衡收益和風險之後，對於極不安全或者收益不足以反映風險水平的風險採取迴避態度。

風險抑制

指承擔風險之後，採取種種積極措施以減少風險發生的可能性和破壞程度。例如典當行對大額客戶發放貸款後，應定期對借款人的財務、經營狀況進行跟蹤監測，幫助其及時找出和解決存在問題，從而在風險實際發生之前消滅或減少風險來源。這種從根本上減少風險發生可能性的辦法是積極的風險控制；另一種是消極的風險抑制，即通過事先充分準備，即使風險一旦發生，其造成的風險損失也極小。

風險分散

通過承擔各種性質不同的風險，利用他們之間的相關程度取得最優的風險組合，使這些風險加總得出的總體風險水平最低。風險分散是典當行防範和控制風險的重要策略。

風險轉移

在風險發生之前，通過各種交易活動，把可能發生的危險轉移給其他人承擔。例如通過預測有的典當業務可能會有風險，事先可將「質押物」和「抵押品」進行投保，甚至和保險機構協商開辦某類放款風險保險，一旦出現風險，可由保險公司理賠。另外，針對有的大額貸款客戶因多次續當延期造成當期過長，開始延期拖欠息費，且在押物價值隨市場行情變化明顯降低，預測要收回本息非常困難，這時可以通過法律手段對當戶的其他優質資產採取訴訟保全措施，或者將質押物、抵押物預先與認為有收藏價值的買家簽訂收購合同。這樣，通過轉移風險，保證典當資金安全。

風險補償

風險補償屬於一種事後控制，也是一種被動控制。它具體指在典當行正常經營年限內，提存足夠多的風險基金或貸款呆帳準備金用以彌補風險可能造成的損失。在這種情況下，相當於典當行自身財力直接將風險損失撥入經營成本，用以彌補一些對經營活動影響不大、且規模較小的風險損失，也可被稱作「風險自擔」。而對那些損失較大、無法直接攤入成本的，主要用每年從盈利中提取專項準備金沖銷，這種方法被稱作「風險自保」。風險的自擔、自保總稱為「風險自留」。風險自留並沒有減輕典當業務風險，只是增強了抵禦風險的能力，使風險不至於影響典當行的經營信譽和形象。

3.5.3 保險

典當行收取交當人作質押的當物，負有妥善保管不受損害的責任。如果遇到無法預知的火災、水患、失盜等非常性事故，造成當物的損失，典當行需要負責賠償。這表明典當行在經營中有很大的風險性。中國典當行為了自身穩健經營的需要，對其收到的當物按照其當值進行投保，以確保一旦發生非常事故，能獲得相應的賠償，從而使自己的典當經營風險減到最低程度。這種按當物價值進行投保的險種，稱之為「典當當值保險」。

典當行的絕當變賣、拍賣也有風險，既有可能賺錢，也有可能虧損。從穩健經營的角度而言，中國有的典當行會投保「死當拍賣虧價保險」。

3.6 貸款及利息

典當的經營行為主要為 5 項業務活動，即收當、當物保管、受理續當與掛失、贖當和絕當物處理。收檔是當舖對當戶、當物進行查驗，在符合規定的前提下，建立典當關係的過程。在這一過程中，根據對當物進行的鑑定評估，確定當價、當期、費率及利率。

估價及折當率

中國內地的典當行一般根據當物的市場可銷價和當物的品質成色作出

估價，並按照估價的 50% 至 90%（折當率）確定當價，當價也就是典當行能夠發放的最高貸款。確定折當率的目的是為了減少絕當，其高低是根據當物絕當後的銷路情況等而定。

當期

中國內地規定典當行的當期一般按月計算，最長不得超過 6 個月。到期不能贖當、可以續當。

利率

中國內地規定，典當利率按中國人民銀行公佈的銀行機構 6 個月期法定貸款利率及典當期限折算後執行。利息在贖當時交納，不得預扣。

費率

費率由典當行與當戶根據典當業務強度的大小、地區的特點商定。中國規定月費率最高不得超過相關規定的 45%。綜合費用可在發放典當金時扣除。典當綜合費用包括各種服務及管理費用。動產質押、房地產抵押和財產權利質押典當的月綜合費率分別不高於當金的 42‰、27‰和 24‰。當期不足 5 日的，按 5 日收取有關費用。

4. 台灣當押業的管治問題

4.1 企業的管治架構與風格

台灣典當業在體制上首先分為公營當舖和民營當舖，公營當舖是市政府營運的公益性機構，不以盈利為主，而民營當舖則為以盈利為目的公司或商號。另外從法規上，公營當舖需遵循《當舖業法》和市政府的有關法則，民營當舖則只需履行《當舖業法》的規定。因此兩種體制的當舖在管治架構和風格上都存在不同之處。

4.1.1 公營當舖的組織架構

台灣的公營當舖有台北市動產質借處及高雄市政府財政局動產質借所，下列以台北市的公營當舖為例。

台北市動產質借處隸屬於台北市政府財政局，為政府二級機關，有處長、副處長、秘書各 1 人，下設 2 組 2 室、1 個人事機構及 7 個營業分處，組織架構圖如下[4]：

4　台北市動產質借處，網址：https://op.gov.taipei/cp.aspx?n=20B7F55BE578EC42

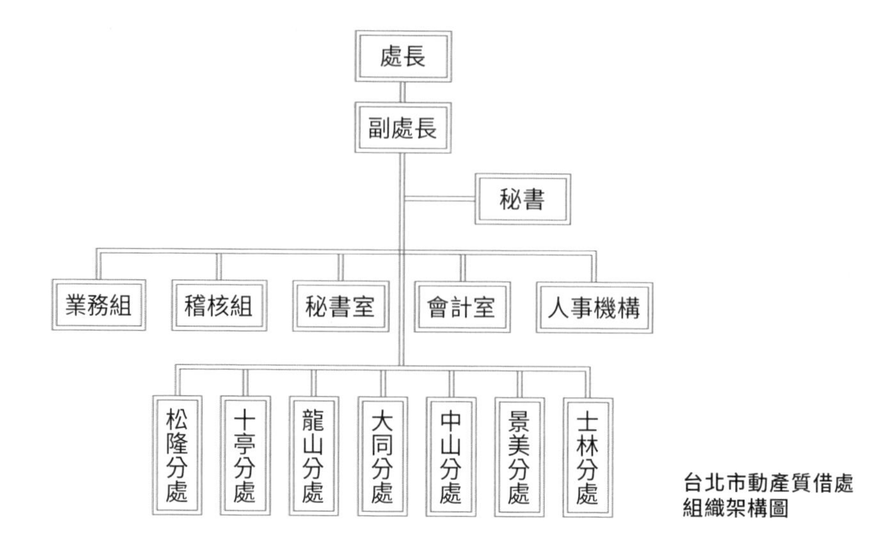

台北市動產質借處
組織架構圖

處本部包含處長、副處長、秘書共 3 人，負責質借處的管理運作。業務組負責掌理動產質借的營運、管理及逾期質物標售等業務。稽核組負責掌理動產質借業務的稽核、考核與報表資料的建立、分析、統計、處理網絡拍賣平台及資訊等相關業務。秘書室負責掌理文書、檔案、出納、總務、財產的管理與營運資金的調配、法制、公關、研考等業務及不屬於其他各單位事項。會計室負責依法辦理歲計、會計及統計事項。人事機構負責依法辦理人事管理事項。另外每個分處設有主任及業務員，負責質物的鑑定、估價及質借業務；質物的現金及保管。[5]

5　台北市動產質借處，網址：https://op.gov.taipei/

台北市動產質借處大同分處

4.1.2 民營當舖的組織架構

單一當舖

由於《當舖業法》規定當舖不得設立分支機構，因此台灣的民營當舖幾乎都為單一店舖的組織形式，可以是獨資或合夥方式經營商號，也可以是有限公司。

單一商號模式的小型當舖，多數只有老闆和一兩位員工，老闆同時擔任鑑定出價的工作。這類小型當舖由個人管理，經營模式隨管理者的喜好而定，內部人員亦沒有很明確的分工，因此並不具備企業形式。

另外一種單一形式的當舖，為有限公司的模式經營。傳統當舖面對銀行和其他金融機構的競爭，必須改變模式，用企業化的思維來經營，才能在激烈的競爭中脫穎而出。因而不少有實力的當舖開始改革，逐步轉向公司化經營，內部運作有明確的組織架構與分工，管理層建立符合公司發展的管理制度等。例如台灣最知名的當舖之一大千典精品就是單一形式、以企業化方式經營的當舖。大千典精品老闆秦嗣林作為最高管理者，要負責

久大典當機構在台北和台中都有分店。分店有自己的當舖名稱，門面另外再展示「久大典當機構」的招牌。

決策公司的經營方向和目標，制定內部管理制度，聘任部門主管等。公司組織架構分明，主要分為銷售部、融資部、鑑定部和人事會計部，每個部門設有部門主管，負責該部門的日常營運。

連鎖當舖集團

在台灣，雖然法例並不允許當舖設立分支機構，但可開設多間獨立的當舖，再統一經營，形成連鎖集團。連鎖式的當舖能夠在不同地區建立知名度，有利於集團的企業品牌形象，讓客人更有信心，例如在台灣擁有 16 間直營門市的久大典當機構便是這類當舖連鎖集團。久大典當機構旗下每間當舖的店名並不一樣，法例上為獨立的當舖，但實質經營上則由集團統一管理。集團的最高管理者為董事長，另外有執行董事等，負責整個當舖集團的營運決策和經營目標。而每間當舖也需要設置 1 名高級管理者，執行集團管理層的決策，負責當舖的管理運作，每間當舖內部的其他基本架構設置則與單一制的當舖類似。

久大典當機構在台北和台中都有分店。分店有自己的當舖名稱，門面另外再展示「久大典當機構」的招牌。

4.2 歷久彌新的企業管治經驗與文化

當舖作為最古老的金融機構，在歷史上最初形成的時候，曾經類似慈善事業的經營（佛寺質庫），也有早期經營當舖者，多是地方殷商，他們為百姓提供低於一般借貸利息的「抵押品借款」，解決燃眉之急。隨著朝代變更，歷史發展，當舖在過去很長一段時間被認為是乘人之危、高利剝削的放債機構，一直壓榨窮人，在社會大眾中形象負面，為人所詬病。

50 年代，台灣政府成立公營當舖，成立宗旨是扶助社會弱勢、非營利，避免大眾受高利剝削，重新塑造當舖「救急扶危」的文化。經過多年的發展，公營當舖不止以低息貸款，也積極推出各項服務，改變了人們過去對當舖的刻板印象。如台北市動產質借處提供就業服務資訊、開放學生及民間團體參觀，藉以讓大眾認識金飾、鑽石及流當品拍賣流程，更加了解典當業。

民營當舖也在 80 年代開始轉變形象和經營文化，改善服務態度來爭取顧客，將傳統的高櫃檯改為普通櫃檯，公道地估算當押品價錢等等。典當業雖然不屬於正式金融機構，但其經營特性及模式與市民經濟息息相關，因而台灣政府在 2001 年正式制定《當舖業法》，當押業的管理正式進入法制化時代。當舖必須依照法例經營，接受法例的規管，依法成立經營的當舖自然給予民眾較大的信心，也讓當舖的形象更加正面。雖然民營當舖的利息較公營當舖高，但公營當舖可收當的物品限制較多，類別很少，且借款有上限，而民營當舖可收當的物品繁多，從傳統典當品珠寶手錶、二手名牌商品、汽車，甚至是漁船等，有民營當舖業者認為自己才是真正「有當無類」的「濟貧者」。

除了盡量收當物品為客人周轉資金，在處理流當品的時候，當舖也是

現今當舖形象正面，拉近與當戶以至大眾的距離。

更有人情味。如客人逾期未贖回典當品，雖然依法也是直接流當了，但當舖一般都會與客人再次確認，並給予有困難的客人延期，不會像銀行，到期則立刻沒收抵押品進行拍賣，這是當舖本身的經營文化。

4.3 人才招聘與培訓

傳統當舖一直採用學徒制來招聘和培訓人才，去當舖當學徒很多時候都要依靠熟人或親戚介紹。學徒除了要負責協助店舖的各項工作，也要學習專業技能，鑑定寶石、黃金、玉石、手錶等等，師傅會什麼就學什麼。除了學習鑑定技能，當舖學徒更重要的是學習說話的技巧及應變能力，而且都需要時間和經驗累積，要學成出師至少也要三年五載。對於傳統當舖而言，要培養一個人才亦需要花費很多時間。

過往因為傳統當舖形象不佳，學徒制花費時間又長，越來越少年輕人願意進入這一行業。現在很多當舖也如一般企業一樣公開招聘適合不同工作的人才，已經很少採用學徒制這種方式。小型的當舖一般招聘當舖業務員這一職位，由於小型當舖人員少，除了老闆或管理人員，一般員工幾乎所有事項都需要接觸。當舖業務員的工作包括店內環境整理及商品清潔，整理客戶資料，接待客戶及定期與客戶溝通，有的業務員還需要外出聯絡銀行、開發潛在工商客戶等等。沒有鑑定經驗的業務員在空閒時也要學習精品珠寶金飾鑑定或專門鑑定汽車等知識。

較大型的當舖在人才招聘和培訓上則有明顯分工，而且非常重視人才的發展。在分工上，每個部門人員都有自己負責及擅長的工作，如銷售部的員工需要對商品十分了解，並具備相關的專業知識，才能解答客人在購買商品時的疑問。負責典當的員工要知道如何與客人商談，在鑑定典當品後向客人準確地估計價格等。而典當品鑑定水平對一間當舖的營利有著至關重要的影響，因此無論是公營當舖還是大型的民營當舖都不再遵循過去師徒相傳的鑑定制，而是讓員工參加專業的鑑定培訓課程。如連鎖式當舖集團久大典當機構，會固定撥出利潤作為員工的培訓基金，多年前已有 4 位擁有 GIA 證書的鑑定人員，當時的集團董事長很自豪地表示：「不要說當舖，就連珠寶公司也沒有這樣的水準。」另外集團也讓每一個員工去修讀國際寶石學院的課程，例如鑽石課程、有色寶石課程、珍珠課程等，課程為期大約 3 個月，每個課程的學費大約 1 萬 5,000 元台幣，而且至少要上 3 個基本課程才能擁有鑑定師執照。負責典當交易的員工經常都要接觸鑽石或其他貴重寶石，只有擁有專業資格，才能分辨寶石的真假，並且準確判斷這些寶石的成色級別及價值，對當舖的經營及聲譽都極為重要。因此久大典當機構的所有員工都有台灣省寶石協會（TGA）鑑定師執照。同樣，大千典精品當舖對專業人員的培訓也不遺餘力，讓員工針對各種不同的鑑定儀器考取專業執照。[6]

6　熊毅晰：〈老當舖變精品店〉，《天下雜誌》，2011 年 4 月 13 日，443 期。

作為企業，除了在不同的分工上招攬和培訓專門的人才，培養管理人員也十分重要。久大典當機構會派主管去修讀 EMBA（高級管理人員工商管理碩士）課程，還委託逢甲大學企業管理系到公司為所有員工授課。

這些企業化的當舖深明人才對於一間公司的重要，培養人才的同時也會加強員工的向心力，減少員工流動率，有利於公司的營運。這一點有賴於當舖本身是傳統行業，通常內部員工關係緊密，上下如家人一般。雖然這些新式當舖已採用企業化的管理，但在維繫員工情感上仍然會保持一些傳統習慣，人情味濃，也就讓整個企業有很強的凝聚力。

4.4 會計與財務管理

典當業主要借款收取利息，需要嚴格的會計與財務管理，否則一有不慎即陷入資金周轉不靈之危險。

資金籌集

如前文所言，在財務上，開設或經營當舖首要考慮資金的籌集。根據台灣法例規定，開設當舖實收之最低資本額為新台幣 150 萬元。[7] 但以經營必要開支來計算，包括店舖的租金、室內當舖設備、相關專業儀器、內部保險箱、保安設備、經營裝潢、廣告等相關花費，粗略估計最少為 200 萬新台幣左右。另外由於台灣典當業有嚴格的發牌限制，並不是申請就能獲得牌照，新入行的投資者一般需要向有意轉讓的當舖業者購入牌照，行情最高時價格大約在 500 萬新台幣左右，因此開設一間當舖最少需要具備

7　內政部規定公告，網址：https://www.police.ntpc.gov.tw/cp-30-2016-1.html

700 萬的開業資金。[8] 而且以上僅是開立當舖的基本條件，往後的人力費用以及典當業務的經營，仍然需要大量資金的投入。所以事前要籌集足夠的資金。

營運成本及支出

除了足夠的資金，也要考慮下列經營當舖所需的成本及支出：

1. 用於典當借款的資金成本：當舖需要大量的現金以應付客人的需求，確保有足夠的現金流轉。
2. 流當品成本：累積的流當品無法及時轉化為現金，當舖的成本自然越來越高。
3. 當舖租金及庫房設置開支：台灣對於當舖經營場所及庫房的設置等都有法定要求，這些一般為一次性的固定開支。除非營業場所為直接購入的物業，否則還有每月的租金開支。另外每月還要支付電費、網絡費用等雜費。
4. 人工開支：包括薪金，及有關勞工方面的開支。
5. 營銷開支：現今的當舖需要主動宣傳吸引客人，採取一定的營銷策略，便會衍生廣告、宣傳單製作等開支。
6. 辦公用品開支：除了基本用品，當舖為了加強鑑定水平，需要購置一些專業的儀器，雖然其價格通常很高，而且需要定期更新，但通過專業儀器來鑑定，比單靠人手更有助提高當舖的聲譽，因此這也成為經營當舖的必然開支。
7. 其他經營開支：根據法例規定，當舖必須購買責任保險；另外還有如交通、出差費用、交際費用等其他開支。

8　我可以開當舖嗎？當舖怎麼營利的？，網址：https://www.fbpawn.com.tw/blog/detail/34

營利收入

當舖的營利收入同樣來源於典當借款的利息和流當品的銷售。

台灣當舖收取的利息受《當舖業法》規範，年利率不得超過 30%。在市場競爭下，許多典當業者會壓低利息來吸引更多客人，務求薄利多銷。另外典當交易在台灣可酌收客人的倉棧費用和保險費，這也是營收來源的一部分。

流當品銷售後的資金是當舖另一個主要營收來源，但流當品的銷售額需要扣除典當借款的金額，多餘的部分才能成為利潤。因此當舖在收當抵押物品的時候必須掌握相關物品的市場價值及趨勢，按比例放出借款。那麼在商品流當後，當舖按市價售出商品，才能賺取差價。

賺取典當利息仍然是當舖的主要營收，因此當舖在處理流當品的時候會較為慎重。如再次與客人確認抵押品是否流當，或者會給予客人較多期限。當舖主要還是希望客人可以贖回當押品，因為客人贖回當押品，當舖直接賺取了利息，就完結了一筆典當交易，不需要再花費其他成本處理流當品。如果當舖單純靠銷售流當品為營收，那麼當舖的經營也會出現不同的問題。

4.5 內部控制與安全

典當業需要處理大量現金和高價值物品，面對的風險比一般行業高。在典當交易中，當舖最常見的風險則是收當到假貨或賊贓，往往會讓當舖直接損失資金。當舖內部員工監守自盜的情況也偶有發生。另外在經營過程中，管理者的決策、員工的能力都會影響當舖所面對的經營風險。因此當舖需採用一些企業內部控制方法，既降低風險，又提升自身的競爭力。

內部控制與安全

1. 員工分工控制：根據當舖中各項職能需求，明確分工，讓員工各司其職，發揮所長。每個員工都其擅長之處，如專業鑑定人員，那麼員工同時可以發揮預防外部風險的作用。
2. 授權控制：內部管理者及員工有不同的授權範圍，如所有員工需要有授權的職員證件才可進入店舖工作；部分重要的區域，如涉及到現金存放、典當品庫房等，只授權給特定的人員進入和處理相關業務，以保安全。
3. 資金預算控制：因涉及大量資金，業者必須控制借款比例和各項營運開支，確保資金可以不停周轉，以免陷入經營危機。
4. 財產保護控制：由於當舖存放大量現金和高價值的商品，因此內部安全十分重要。除了硬件安全設施，對員工的授權控制，物品的記錄、盤點、保管等都需要嚴格執行，例如每份流當品都要獨立包裝，標明物品內容、典當人資料；流當品只存放在特製的庫房，只有特定人員可以進入拿取等。
5. 會計控制：大型的當舖可內聘請會計師，專責處理會計工作；小型的當舖則可外聘會計師事務所處理。通過專業人士的協助，管理者能清楚了解當舖盈利情況從而作出適當的決策。
6. 溝通控制：各部門有明確分工，但同時需要互相溝通，並報告給管理者。企業化的當舖會安排例會，請各部門主管進行匯報問題及互相溝通，加強內部管理的有效性。
7. 員工凝聚力控制：本身作為傳統行業的當舖，對員工管理較有人情味，同時當舖管理者願意培養員工成為專才，這些都會加強員工的凝聚力，一方面有助推動業務效益，另一方面也可以減少員工損害當舖的風險。

保險

當舖對典當物品有妥善保管及避免損壞等責任，因此在台灣，當舖必須向金融監督管理委員會核准的保險公司投保責任保險，保險的範圍一般是針對當舖所收當的典當物（不包括流當物）。如保存在當舖庫房期間因火災、爆炸、搶奪、強盜或竊盜等意外事故所致的損毀或遺失，可由保險公司承擔賠償。但是保險並非接受所有的意外事項，如遭蟲鼠咬損，遭受颱風、地震、洪水或其他不可抗力因素影響，當舖或其受僱人盜取典當物等等情形都是不受保障的。雖然如此，購買保險仍然是降低當舖風險的必要措施。

4.6 貸款及利息

估價及貸款

當舖借款金額視乎典當品的市場價值而定。以黃金為例，民營當舖一般可借款市場價格的七至八成，而公營當舖借款為大約 65%。

當期

典當期限以 3 個月為期，當期內或到期時憑當票歸還典當金額及繳付利息即可贖回典當品。如果持當人無法按時歸還借款金額，一般可與當舖協商只繳利息來續當。

利息

台灣《當舖業法》對當舖的利息費用有嚴格規定。當舖業可以收取利息的年利率最高不得超過 30%，換算成月利率則為 2.5%，另外可酌收棧租費及保險費外，不得以任何理由收取其他費用。棧租費及保險費的最高額，合計不得超過收當月息的 5%。

不同的當舖對於典當品種類、風險承受能力的差異，以及借款人的條件好壞，而有不同的利率。在加上市場競爭下，一般民營當舖收取利息的利率介於每月 1.0% 至 2.5%，棧租費及保險費有些當舖會收取，有些則不收取。至於公營當舖提供的借款利率則低很多，月息為 0.68%。

另外根據《當舖業法》規範：不滿 1 個月以 1 個月計息；滿 1 個月後最初 5 日不計息；超過 5 日以 0.5 個月計息，超過 15 日，以 1 個月計息。

5. 新加坡當押業的管治問題

5.1 企業的管治架構與風格

新加坡的當舖不論規模大小，均以有限公司形式經營，包括單一當舖、小型連鎖當舖及大型集團式連鎖當舖。在200多間當舖中，單一當舖大約有70間，其他則為有連鎖分店的當舖。所有當舖中，約有一半的數量都由新加坡三大上市當舖集團擁有。

5.1.1 組織形式與架構

單一當舖

新加坡的單一當舖公司大部分是成立於50至90年代的傳統當舖。雖然他們都具備高度現代化，使用電腦記錄，電子當票，但在經營模式及架構上仍然較為傳統，一般有如下分工：

1. 經理（小型當舖或由老闆擔任）：經理負責資金和典當品，並且要了解典當品是否符合市場需求，流當後是否容易處理，以決定當舖收當物品的種類。

2. 朝奉：即鑑價師，鑑價師的技術及眼光，關係著當舖的生存，所以對典當業來說非常重要。因為新加坡社會的民族多元性，有的當舖會聘請不同才能的鑑價師，專門鑑定特殊的典當品，如印度紗麗、娘惹胸針等。

新加坡目前還有不少老字號的傳統單一當舖

3. 庫房管理員：負責典當品收入庫房保險箱，每月定期清理庫房內的典當品。

4. 出納管銀員：負責結算帳目，掌管庫房的錢財與鑰匙。

5. 銷售人員：負責銷售流當品，接待購買商品的客人。

單一當舖雖然規模較小，但內部有明確的分工，對於服務當區的居民來說完全足夠。再者，這些分工一方面是人盡其才，提升效率，另一方面亦可產生內部制衡的效果，幫助完善管理。這些當舖雖然比不上大企業，但可以制衡大型當舖集團的壟斷，平衡地區競爭，讓民眾可以更方便選擇適合自己的當舖。

小型連鎖當舖

因為新加坡早期的當舖多是同家族人士經營，所以很多小型連鎖當舖也是由家族關係延伸出來的，如父子、兄弟或親戚之間各自有主管的當舖。這組織形式有分號和聯號兩種：所謂的分號，就是所有股東相同，但在不同地點開店；聯號是大股東相同，小股東不一樣，也是在不同地點開店。[9] 由於家族中不同的成員來主管每間店舖，這些當舖大多數都採用聯號的方式經營，店舖名稱也是不完全相同的，例如下表的當舖公司：

店名	經營者	關係
福順當（私人）有限公司	藍長安 藍貴平	父子
福泰當（私人）有限公司		
順昌當（私人）有限公司	賀樂基 賀安基	兄弟
順興當（私人）有限公司		

這樣的連鎖當舖讓傳統當舖家族的生意在更多的區域展開，佔據更多的市場份額。但聯號因為有不同的小股東（可能是家族不同成員），在實施統一管理模式時如遇到意見不一致的情況下會有一定困難，店舖的數量也無法與集團式經營的當舖相比。

當舖集團

新加坡有 3 間大型當舖集團，並且為上市公司。上市公司的架構包括董事局、核心管理層、執行部門等。董事局成員有主席、CEO 首席執行官、執行董事、非執行董事、獨立董事等，負責集團的經營決策、管理層人員聘用等等。而核心管理層根據每間集團的營運方向，一般設有財務總監（負責管理會計及財務部）、營運總監（負責典當部門及零售部門的運作）、品牌總監（負責品牌管理及市場營銷）、採購總監（負責珠寶飾品採購）等。

9　林瑜蔚：〈新加坡當舖業與客家〉，台灣中央大學客家政治經濟研究所碩士論文，張翰璧教授指導，2008 年。

作為大型當舖集團，旗下分店數量眾多，遍佈新加坡各個地區。這些分店有些是全新開設的，有些則是通過收購其他小型當舖而轉變的，慢慢形成龐大的集團式經營。這些當舖集團可以佔據較多的市場份額，獲得更多的業務，但同時由於規模龐大，內部管理層次多，集團必定要具有強大的企業管治能力。

5.2 歷久彌新的企業管治經驗與文化

新加坡早期的當舖也是跟隨華人傳統當舖文化，在店內設置密密麻麻的防盜鐵欄，高高的櫃檯，客人要把抵押品舉高才能觸及，容易讓人產生排斥的心理。不過隨著時間的改變，當舖的形象也隨之改變。鐵欄換成玻璃窗，明亮的大廳，熱情的服務，電腦化的經營都讓來典當的客人有不一樣的感受了。如今各行各業的民眾都把當舖當成一種方便的金融機構，只要有需要的時候，用抵押品可以快速獲得現金。而當舖則繼續發揮援貧濟困的融資服務精神，為民眾在銀行和金融公司之外提供多一個簡單又快捷的選擇。

新加坡是一個多元民族國家，雖然當舖一般都由華人開設，但任何族群的人都有使用當舖的機會。因此無論是早期還是現代的當舖員工很多都會說多種語言，這樣服務客人的時候可增加親切感，典當或銷售過程也更順利。

另外在經營文化上，傳統老字號當舖與現代化當舖有一定分別。傳統當舖一般服務當區街坊，更具人情味。例如當舖員工認得常客，能夠直呼客人的名字，久而久之客人變成老顧客，甚至老朋友，當舖在開價時也會盡量通融給予最優的價格。現代化當舖同樣注重與客人的溝通，但更重視專業服務，其估價師在服務客人的時候，會清楚解釋鑑定程序，分享相關的知識，讓顧客了解估價過程，塑造更專業的形象來得到顧客的信任。

5.3 人才招聘與培訓

傳統當舖一直都是採用學徒制來招聘和培訓人才，去當舖當學徒很多時候都要依靠熟人或親戚介紹。當舖業在招聘學徒的時候，一定要先了解對方的人品，因為當舖中有許多價值昂貴的商品，所以會以信賴為原則，先找自家的親戚，再來是親戚朋友推薦的人選。學徒除了要負責協助店舖的各項工作，也要慢慢學習專業技能，鑑定寶石、黃金、玉石、手錶等等。這些學習必須靠學徒本身的學習主動性以及人際關係獲得，因為通常店中的朝奉不會輕易傳授經驗給其他人，所有人都必須留意觀察，在多年的工作中累積經營當舖的經驗和知識。所以對於傳統當舖而言，要培養一個人才亦需要花費很多年的時間。

由於家族關係中的年輕一輩大多不願意進入典當業，因此傳統當舖的人力資源取得越來越困難，所以也和現代當舖企業一樣要公開招聘員工。但當舖集團規模大，實力雄厚，招聘人才比起傳統當舖有明顯的優勢，如可以提供更高的薪水、更完善的福利等。不少傳統當舖則可能面對找不到接班人的困境。

當舖集團在行業中提供的服務更多元化，涉及的部門較多，每個部門都會招聘專門的人才。當然作為當舖，對典當部門員工的培訓至關重要，因估價師的專業程度決定了對顧客的服務質素，估價必須要準確，才能給客人提供理想的典當價，同時也影響著當舖的專業形象和營利。

如銀豐當集團，所有當舖職員，一加入就必須定期參加培訓課程，不斷加強及加深產品的專業知識。這些產品包括金飾、鑽石珠寶、名錶和名牌手袋等。客戶接待服務訓練也是重點課程。即使是有經驗的職員，也得定期培訓，深化銷售技巧及更新產品知識，提升領導能力。典當部的職員則需要參加關於金飾珠寶、名錶和名牌手袋的估價知識課程、典當行業的法律條規和保安程式。除了內部培訓外，公司也請來相關產品的專家到公司授課，例如專門鑑定名牌手袋的團隊，也會送職員參加外部專業機構的各項鑑定課程。

由傳統當舖發展起來的方圓當集團，除了讓員工參加培訓課程，同時也會採用現代化的師徒制（mentorship），由經驗豐富的高級估價師帶領新入職的估價師，向其教授專業知識和指導其在實際工作中的操作。面對日新月異的科技與社會發展，集團也會為管理層至前線員工提供最新的培訓。方圓當集團認為對人力資源的長遠投資對於集團的可持續發展是十分關鍵的。

5.4 會計與財務管理

典當業主要以借款收取利息，替人周轉資金便需要大量的現金用於放款，更兼顧各項經營成本的開支。即使有抵押品，但亦有無法回收借款的壓力，而流當品是否容易處理變回現金，是否可以抵消當初借款的成本？如此種種都成為當舖在財務管理上需要考慮的要素。所以嚴格的會計與財務管理，助以面對資金周轉不靈的困境。

資金籌集

在財務上，開設或經營當舖的第一步是要考慮資金的籌集。根據新加坡當商註冊局的規定，申請設立當舖要呈交 10 萬新加坡元的保證金，而當舖需投入的實繳資本不少於 200 萬新加坡元（如營運多間當舖，每間當舖需投入實繳資本不少於 100 萬新加坡元）。所以開設當舖之前，一定要籌集足夠的資金，包括投資者、股東自身資金的投入，也包括向外借款來投入典當業，例如向銀行貸款。

新加坡開設當舖要求的資金門欄很高，要發展大規模連鎖當舖集團，可以通過上市集資來擴展業務，開設更多分店。上市之後，當舖集團可以透過本身市值及預期增值，吸引市場提高公司股價，從而增加資本，繼續用於集團的發展。

營運成本及支出

開設當舖，首先考慮資金的運用和規劃。經營當舖所需的成本及支出主要包括：

1. 用於典當借款的資金成本：提供典當借款，必須有大量的現金以應付客人的需求，而且典當生意越好，放款的速度越快，有足夠的現金流轉用作借款也十分重要。
2. 流當品成本：沒有被贖回的典當品轉化成貨物成本，當累積的流當品越多，存貨成本便會越高。
3. 商品成本：部分當舖亦會出售全新的商品，如金飾、珠寶，因此會產生進貨成本。
4. 營業場所設置及租金等開支：根據規定，當舖營業場所必須具備保險庫或保險箱等設施，監察保安系統及營運所需的電腦系統，這些一般為一次性的固定開支。除非營業場所為直接購入的物業，否則背負每月的租金開支，還有電費、網絡費用等各項雜費。
5. 人工開支：包括薪金、福利，以及各項有關勞工方面的開支。
6. 營銷開支：現今的當舖需要主動宣傳吸引客人，採取一定的營銷策略，便會產生廣告、宣傳單製作等開支。大型當舖集團還會邀請明星作為公司代言人，相關費用可能會很高昂。
7. 辦公用品開支：除了基本的辦公用品，當舖為了加強鑑定水平，需要購置一些專業的儀器，價格通常很高昂，而且需要定期更新。由於通過專業儀器來鑑定有助提高當舖的聲譽，避免人為損失，因此這也成為經營當舖的必然開支。
8. 其他經營開支：根據法例規定，當舖必須購買責任保險；另外還有如交通、出差費用、交際費用等其他開支。

如是上市公司，還有其他行政開支如上市年費、審計費用、法律與專業諮詢費用等等。由於規模大，所需資金較多，公司有時需要向銀行貸款或向其他股東籌集資金，那麼就還需要支付相關的利息及手續費用。

營利收入與利潤

一般當舖的營利收入主要來源於典當借款的利息和流當品（包括全新商品）的銷售。

新加坡政府規定典當費率上限為月息 1.5%。在市場競爭的情況下，許多典當業者會壓低利息來吸引更多客人，採取薄利多銷的策略。

商品零售是當舖另一個主要營收來源，包括流當品和全新商品的銷售，尤其是銷售流當品。利潤從流當品的銷售額扣除典當借款的金額所得，因此當舖在收當抵押物品的時候必須掌握相關物品的市場價值及趨勢，按比例放款。那麼在商品流當後，當舖按市價售出商品，才能賺取差價。而以珠寶商轉型為當舖的集團，如銀豐當、大興當，他們同時會銷售全新的金飾和珠寶，甚至推出自家設計的品牌，來增加零售營業額。

新加坡典當利率低廉，但賺取典當利息仍然是當舖最主要的利潤來源。在 3 間上市當舖集團的財務年報可看到，雖然其零售營業額遠遠超過典當收入，但利潤則是典當業務獲得較多。

表一：方圓當 2021 年財務報告資料（新加坡幣）

	Pawnbroking（典當業務）	Retail and trading of jewellery and gold（珠寶 / 黃金零售及貿易業務）
Revenue（營業額）	$28,600,000	$212,952,000
Profit before tax（稅前利潤）	$9,369,000	$8,582,000
Profit margin（利潤率）	32.7%	4.0%

表二：銀豐當 2021 年財務報告資料（新加坡幣）

	Pawnbroking（典當業務）	Retail and trading of gold and luxury items（黃金 / 奢侈品零售及貿易業務）
Revenue（營業額）	$38,604,000	$147,291,000
Profit before tax（稅前利潤）	$13,534,000	$8,053,000
Profit margin（利潤率）	35.0%	5.4%

表三：大興當 2021 年財務報告資料（新加坡幣）

	Pawnbroking（典當業務）	Retail and trading of jewellery and branded merchandise（珠寶 / 奢侈品零售及貿易業務）
Revenue（營業額）	$46,043,000	$177,578,000
Profit before tax（稅前利潤）	$7,978,000	$8,755,000
Profit margin（利潤率）	17.3%	4.9%

由以上資料可見，典當業務的利潤率是遠高於零售業務，但零售業務的營業額較大，所以與典當業的稅前利潤差不多。典當業與零售業亦有不少重疊的客源。所以新加坡典當業的營運必需兩者並重及緊密協調。

有些大型當舖也同時經營非典當的貸款服務或其他抵押式貸款服務，並從中獲得利息收入。例如上市當舖集團，他們的營利收入還包括投資股息收入。而且大集團通常擁有物業可出租，因此還有租金等收入。

5.5 內部控制與安全

典當業需要處理大量現金和高價值物品，面對的風險比一般行業高。一旦收當了假貨或賊贓，往往會造成資金損失，更不用說內部員工監守自盜的情況也偶有發生。另外在經營過程中，管理者的決策、員工的能力都會影響當舖所面對的經營風險。因此當舖需採用一些企業內部控制方法，降低風險，同時提升自身的競爭力。

內部控制與安全

1. 員工分工控制：根據職能需求，明確分工，讓員工各司其職，發揮所長。每個員工各擅勝場，例如專業鑑定人員，可以減少收到仿製品的風險，避免遭受損失；財務管理人員，亦可協助解決財務現金流的問題。
2. 授權控制：內部管理者及員工有不同的授權範圍，如所有員工需要有職員證件才可進入店內工作，部分重要區域，如涉及到現金存放、典當品庫房等用途，只授予特定的人員進入和處理相關業務，以保安全。
3. 資金預算控制：經營當舖涉及巨額資金，業者必須控制借款比例、各項營運開支，確保資金持續周轉，否則會陷入經營危機。
4. 財產保護控制：由於當舖存放大量現金和昂貴的商品，因此當舖內部安全十分重要。除了硬件安全設施，對員工的授權控制，物品的記錄、盤點、保管等工序都需要嚴格執行，例如每份流當品都要有獨立包裝，標明物品內容、典當人資料，更必須存放在特製的庫房，只有特定人員才可以進入拿取。
5. 會計控制：大型的當舖可直接聘請會計師，甚至是合資格的內部核數師，專責處理會計及內部監控等相關工作；小型的當舖則可外聘會計師事務所處理。通過專業人士的協助，管理者能清楚了解當舖盈利情況而作出適當的決策。

6. 溝通控制：各部門雖有明確分工，但同時需要互相溝通，並報告給管理者。企業化的當舖更會安排例會，請各部門主管匯報問題及互相溝通，有效加強內部管理。
7. 員工凝聚力控制：當舖作為傳統行業，對員工管理較有人情味，而且管理者願意培養員工成為專才，藉此加強員工的凝聚力。不但有助推動業務效益，也可以減少員工作出不利當舖行為的風險。

保險

當舖對典當物品有妥善保管及避免損壞等責任，根據新加坡法例，當舖必須購買保險，保護所收當的典當物（不包括流當物）。如保存期間因火災、爆炸、搶奪、強盜或竊盜等意外事故而蒙受損失，可由保險公司承擔賠償。但是保險並非承包所有的意外事項，如遭蟲鼠咬損，遭受颱風、地震、洪水或其他不可抗力因素影響，以至其受僱人盜取典當物等等情形一般都是不在保險範圍。然而，購買保險仍然是減低當舖風險的必要措施。

5.6 貸款及利息

估價及貸款

當舖借款金額視乎典當品的市場價值而定，一般為市場價格的 60% 至 80%。[10]

10 7 Things Singaporeans Should Know About Pawn Shops. https://blog.moneysmart.sg/personal-loans/pawn-shops-singapore/

當期

典當期限以 6 個月為期，當期內或到期時憑當票歸還典當金額及繳付利息即可贖回典當品。如果持當人無法按時歸還借款金額，也可以只繳還應付的利息，獲得延長多 6 個月的回贖期限。

利息

新加坡政府規定典當利率上限為月息 1.5%，由於市場競爭激烈，通常當舖會提供優惠利率在 0.8% 至 1.0% 之間。另外不足 1 個月的典當期，也是按 1 個月的利息收取。

第五章

華人社區當押業的可持續發展

1. 香港當押業的可持續發展

可持續發展對於任何一個企業的長期成功經營十分重要。在華人傳統中，開辦的業務多由家庭成員來傳承，慢慢形成家族生意當押業，雖然面對現代金融體系的競爭，但只要採取有效和具備創新思維的管治方法，當押業仍然可以繼續發展，並且在社會經濟中扮演不可替代的角色。

1.1 社會責任

港九押業商會透過募捐，支持弱勢社群。肺結核（俗稱肺癆）曾經是香港一主要疾病，港九押業商會在 1950 年舉辦募捐，支持防癆。

1952 年商會透過舉辦公益義會籌集資金開設新會所，同年成立福利事務籌備委員會，專責處理會員事務及福利，更開設中西醫外科跌打診所，以贈醫施藥為本，惠澤社群。

1.2 家族企業與承傳

香港中小型當舖大多是家族企業營運，上一輩將營運及鑑定技術與經驗傳給下一代。時代變遷、科技發達帶來生活上的改變，小型當舖的人情

港九押業商義捐防癆

（特訊）二十八日本報代香港防癆會收到港九押業商會誠心公益助捐港幣一百元。

〈港九押業商義捐防癆〉，《華僑日報》，1950 年 8 月 30 日，第二張第一頁。

港九押業商會

新會所昨啓鑰

贈診定明日開始

〔中國社〕港九押業商會，昨日下午二時卅分，在駱克道四九九至五〇一號二樓舉行新會所啓鑰及贈診所開幕典禮，社會嘉賓有：華民政務司區煥森、東華三院主席胡兆熾、九龍樂善堂正副主席鄭會光、佘伯衣、中華總商會副會長許岐勳、陳捷培、李求恩等近百人。時届，由胡兆熾主持啓鑰，全體來賓進入新會所禮堂，旋即舉行開會儀式，首由理事長賴超文致開會詞略稱：同溯自一八六〇年本港政府頒佈典當則例後，本會即告成立，迄今已有九十餘年之歷史，不過當時係稱爲「行」，且無具體組織耳。一九四五年本港重光，本行各號以地方初靖，多未復業，曾承華民政務司之敦促，早日復業，以協助流通金融，因當時一般平民手上所持有者，紙保軍票，而無港紙，生活至爲困難，當由老行尊羅裕啟、馬伯純、鄧寶田、鄧聰路先生，奔走籌備，復業者日衆，本會亦乘此時機改組成立，稱爲港九押業商會。數年以來，對于保障會員權益，溝通官商意見，貢獻頗大。須知地方上之繁榮有賴于金融之流通，而當押業則爲金融樞紐之一部，其他則爲銀行與銀舖，銀行與銀舖往來者多爲大商號，而當押業則對一般無恒產之平民，緩急相通，關係至爲密切，故中國尤其是廣東，對當押業一行，至爲重視，良有以也。惟是本會會務，日益繁廣，而原有會所不敷應用，幸賴群策群力，新會所得以落成，今後對會務之推進，益爲便利，可以斷言。同時本會同人對社會之貧病者至表同情，爰撥出會所一部設立贈診所。茲以[illegible]用西醫，一時未獲核准，故先設中醫二席，于十七日開始全日贈診，分文不收，聊表本會服務社會之微意。繼有胡兆熾、區煥森、鍾煥培、許岐勳、李求恩、鄭會光、李志剛等先後致詞，最後由副理事長邱諺致謝詞，即告禮成，拍照留念。雞尾酒會異常熱鬧，五時許始散。

〈港九押業商會　新會所昨啟鑰　贈診定明日開始〉，《工商日報》，1954 年 5 月 16 日，第六頁。

味一直傳承，然而典當物從以前的大型電器、棉被衣物，變成現代的金器、電子產品，鑑定與估值方式也極為不同了。

1.3 熟客與自置物業

小型當舖仍然以熟客為主要客戶，然而，自由行亦帶來一批新的客源，加上香港自 90 年代開始，普遍中產家庭都會聘請外傭，外籍傭工自然也成為一群穩定的客戶。年輕人加入當舖這一個行業，可以用普通話、英語與內地客戶及外傭溝通，無疑可以幫助這個行業得以繼續發展下去。

歷史悠久的當舖大多採用自置物業作經營場所，可以省卻租金成本。所以在香港經濟起飛，租金高漲的時候，當舖擁有自置物業便沒有加租的壓力，變相減輕了經營成本。在經濟低迷的情況下，營業額下跌時亦不需要為應付高昂租金而煩惱，對於持續發展業務有很大幫助。

1.4 現代變遷與企業管治

經營管理的改變

當押業的經營模式，由從前由司理、朝奉直至「後生」的集權模式，再轉至現在因應人力減少而採用的分權管理。在日常管理上，亦由從前在店內等候客人上門典當的被動模式，轉移為主動在網頁、社交平台等渠道作宣傳。

典當服務對象的改變

當舖的服務對象基本上改變不大，按照典當的用途，基本上客戶類型分為三大類型：(1) 應急型：應付突發事件，銀行或財務公司需要審批

香港義發大押（左）、祥興大押（右）均採用自置物業，以節省經營成本。

的時間過長，如果沒有在銀行有信貸記錄，一般可以借到的金額不會很多。如果沒有固定職業或入息證明，可以獲得批核的機會也不大，所以一般老百姓會向當舖押款。(2) 投資型：中小企老闆，如果需要短期融資，沒有審計報告，銀行亦不能馬上批核融資。例如一些裝修工程的老闆要發工資給工人，但工程尚未完成，未能從客戶收取報酬，他們就可以將金飾送到當舖換取資金以作周轉。(3) 消費型：一般典當的目的是為了滿足某種生活消費，需要資金不多，例如用來買一些心頭好。

典當物品的改變

香港開埠之初以農業及捕魚為主，故此鋤頭、捕魚網也是貴重物品。1960 年代以後，工業開始發達，縫紉機車頭成為送到當舖的典當物品。時代轉變，香港已經發展成國際金融中心，典當物品亦隨之改變，奢侈品例如手錶、金銀首飾、電子產品成為當舖受歡迎的典當物。當舖集團更會接受樓宇及汽車抵押。

現今當舖接受典當物品隨時代轉變，如靄華押業旗下的恆華大押，亦

現今當舖接受典當物品隨時代轉變，如靄華押業旗下的恆華大押，亦會收名錶、首飾等奢侈品。

會收名錶、首飾等奢侈品。

當舖網絡化

互聯網絡發達，提供當舖一個平台，可以宣傳店舖的營業時間及地址，並且可以接受查詢。客戶可以上載物品照片到當舖網站，再徵詢會否考慮接受典當，從而減省客戶親自到當舖查詢的時間，無形中與客戶建立聯繫。電子化方便當舖提升營運技巧，大部分當舖採用電腦平台記錄典當資料，連上警方的網絡，可以減少接收贓物的機會。當舖還會用上 WhatsApp 群組等社交平台來保持聯繫，又可以傳達黑名單客戶的資訊，提高行業營運的安全性。

2. 澳門當押業的可持續發展

澳門的當押業幾乎完全依賴旅遊博彩業，只側重單一層面的發展，針對單一的顧客群體，難以發揮昔日的融資作用。尤其在新冠病毒疫情嚴重期間，澳門沒有遊客，而本地人也少光顧當舖，導致當舖的生意一落千丈，甚至很多間當舖倒閉。疫情後通關，內地旅客已可正常來往，這給澳門當押業帶來的可持續發展的希望。

2.1 社會責任

在現代社會經濟中，企業的可持續發展不僅著重利潤回報，也包括對社會責任和企業管治。在社會責任方面，澳門當押業總商會一直領導旗下會員積極參與公益活動及捐款，為貧困學生提供助學金等。

2.2 家族企業與承傳

澳門的當舖很多都是家族企業，一代傳一代。小型當舖一般由老闆擔任朝奉，直接將鑑定技術經驗傳給下一代，再由下一代繼續經營。但當舖每一代經營的方式卻有很大變化。如上一代 1960 至 2000 年代，還是以香港賭客為主，典當業務和流當品銷售為主要收入來源。到下一代接管當舖，遇著內地自由行及賭權開放，不少當舖的典當業務逐漸萎縮，改為零售全新商品為主。不過，只要有賭場在，一定還是有典當的需求，因為大多數賭客投注都是損失的。而當舖正是為賭客提供賭本或翻本的地方。賭客到當舖典當物品可立即獲得現金，則可再進入賭場投注或有路費返家鄉。如果沒有當舖為賭客提供資金，那麼對賭場的營收也可能有不小的影響。

2.3 熟客與自置物業

雖然澳門當舖的客人大多是一次性典當或購物的遊客，不過如是臨近地區常常到澳門消費的客人，也會喜歡光顧自己熟悉的當舖，因此建立熟客關係仍然是非常重要的。在典當業務方面，對於經常來借款，而且有借有贖的客人，當舖在放出借款和當押品處理上都會給予較多的便利，以維持與熟客的關係。這讓客人在有需要的時候第一時間就會想到自己熟悉的當舖，並會在其他朋友需要時，也向他們推薦相熟的當舖。在商品銷售方面，則與一般企業的零售業務一樣，需要培養回頭客來重複消費。同樣，這些熟客在當舖有良好的購物體驗，也會介紹更多朋友來光顧。

當舖自置物業作為經營場所，可以給予客人較多信心。雖然澳門與香港有相似文化，但在澳門的當舖並沒有太重視這種經營文化。一方面可能澳門租金較低，也可能由於現時當舖的主要客群並非本地人。對於外來遊客，該當舖是不是自置物業並不重要。當然，若是本地客人，知道該當舖是自置物業，應該會較有信心光顧。另外如果是早年買下門面經營當舖，比租店舖經營省卻了高昂的租金成本，對於經營有很大的幫助。尤其在疫情下，很多當舖都沒有營業，即使營業也沒有什麼收入，如還要每月交租金，當舖也不得不結業。

不少澳門當舖都在疫情中選擇暫停營業

2.4 現代變遷與企業管治

經營管理的改變

雖然典當這一古老的融資模式並沒有改變，但隨著現代金融體系的衝擊和澳門產業機構的改變，現在的澳門當舖在經營上都以零售為主，外觀也設計得如同珠寶金行。而且具有一定規模的「當」和「按」已經不存在，現在「押」在管理上則顯得較為簡單，並沒有完善的經營管理系統。

典當服務對象的改變

當舖在過去被稱為「窮人的銀行」，因為以前會去當舖的人，大多經濟十分困難，已經窮途末路了才會去典當唯一有價值的物品來換取金錢。也有小部分富貴人家會將貴重物品典當給當舖作為短期保管之用。現在的澳門當舖主要服務於來澳的賭客和遊客，為他們提供賭場的資金或向他們銷售商品。

澳門長泰大按已經結業，外觀與現今當舖大相徑庭。

典當物品的改變

雖然黃金、珠寶一直都是澳門當舖最受歡迎的典當物品，但在不同年代，當舖收當的物品有很大分別。在 60 年代以前，典當物品五花八門，多為衣服、棉被、單車、風扇等家庭日常用品，並不昂貴。之後轉變為高價值的日常用品，如手錶、首飾、鋼筆等。現在當舖主要接受名牌手錶、手袋、金銀首飾、珠寶鑽石等，也包括手機等電子產品。典當物的變化，反映當舖在經營管理中也必須跟隨市場潮流，避免流當品產生囤積問題，才能獲得盈利，進而持續發展下去。

當舖網絡化

雖然網絡已十分普及，但由於澳門當舖主要只服務單一的顧客群體，所以過去並沒有積極開發網絡經營的渠道。直到新冠病毒疫情下沒有客人，才開始有當舖在社交媒體上設立專頁，希望接觸本地客人。但是這樣的當舖仍然是極少數，澳門當舖網絡化相比其他地區來說進步的空間很大。

3. 中國內地當押業的可持續發展

有著悠久歷史的中國典當業，在經營模式與經營範圍等方面出現過巨大的變遷，經營規模有過多次的繁盛，也有過幾番的衰落，更有過被徹底取締的慘痛。當下中國典當業存在諸多發展期望，也存在著巨大變數的可能。但典當業的可持續發展仍是中國經濟社會的主流希望。

3.1 環境、社會、宗教、政治與當舖管治

無論典當業的外部約束，還是內部的管治經營管理，在任何時期必然受到諸多因素的影響，政治、法律、科學發展與社會經濟狀態，甚至民族、宗教、道德、藝術、哲學及其他社會科學等等都對典當業有著或多或少的影響。

中國的典當業，經過了長期的孕育與漫長的萌芽。中國典當業最初是以「寺庫」的形式快速建立與擴散開來。研究表明，西方典當業往往也是從其教會組織中發端。這無疑表明，典當行業從正式建立就深深受宗教的影響，並一定程度繼續影響著行業的發展。

在明朝開國皇帝朱元璋的主導下，以「寺庫」為代表的的宗教寺院典和在一定程度代表貪宮污吏利益的官營典都快速消亡了。而當社會出現戰亂與動盪時，典當業無論是規模、服務人群還是具體的典當物品都會出現

巨大的變化。由此可見，政治、社會狀態都會嚴重影響甚至決定著典當業的經營與命運。

對影響現代中國典當業作深層次分析是比較敏感的話題，主要的因素是意識形態的影響。意識形態是一種觀念的集合，包括但不限於政治法律思想、道德、文學藝術、宗教、哲學等，反映了社會經濟基礎和政治制度、人與人的經濟政治聯繫。70 年來，影響中國行業經營與發展的意識形態主要體現在，以「消滅剝削為目標」的「革命」意識以及「資本在經濟社會中存在剝削本質」的共識。因此，在政治色彩濃厚的意識形態支配下，整個典當業在中國消亡了近 30 年。

典當業在中國內地的復甦滯後於改革開放近 10 年，也就是通過近 10 年的時間，進行了意識形態領域的逐步轉變。在一定範圍內形成了以「改善公民生活條件為目標」的人文關懷意識，以「以經濟建設為中心」，「不管黑貓白貓，能捉老鼠就是好貓」，「摸著石頭過河」等為特點的主流共識。但抱有那種極端「反剝削」、「反資本」的濃厚政治意識形態一直根深蒂固。大量民眾心裡存在著「典當業邪惡」的陰影。

典當業的回歸發展，無疑時刻體現著人文關懷的意識形態與「革命」政治的意識形態之間的妥協與爭鬥。僅僅 30 多年時間裡，表現出明顯的階段性。

80 年代至 90 年代初，典當行業嚴重缺乏監管機構和相應的法律法規，處於多頭審批、政出多門、監管混亂的無序狀態。之後國務院頒佈相關管理通知，典當業由此走上了穩定規範發展的道路。到 2000 年後，國家允許典當行經營房地產抵押業務、從金融機構貸款、以及設立分支機構等，拓寬了典當業的經營範圍。而近年來，宏觀上國內外經濟形勢出現一定的緊縮，微觀上互聯網金融、小額貸款公司等新型金融服務機構之間的競爭進一步加劇，典當行業快速發展時期被掩蓋的一些問題開始集中爆發，並面臨融資難、業務結構不合理等發展困境。

3.2 家族企業與承傳、熟客與自置物業

到目前為止，中國內地表面上在典當行業還不能存在家族企業。嚴肅說，企業傳承就無法談起。在經營模式、包括攬當、評當、出當等經營細節的技巧、經營理念等的歷史傳承正在逐步有所體現。在熟客與自置物業領域也是在培植中。

3.3 現代變遷與企業管治

中國內地典當行業作為整個社會融資的特殊管道，正日益成為民間融資中的重要力量。

現代典當業經營的典型變化

（1）典當業的經營理念正發生著根本性的變化。不同於傳統的典當融資，當前典當業結合了投資、理財融資等現代金融手段，同時具備了現代行銷的理念。其業務結構也從以往以動產質押借貸為主向包括動產、不動產、財產權利，抵、質押多元化的業務結構發展。現代典當業正在順應時代改變經營理念，以此不斷滿足城鄉居民和中小微企業日益增長的資金需求，從而彌補了銀行等金融機構在該業務方面的缺失，成為社會融資體系的有益補充。

（2）典當業的服務對象正發生著巨大的變化。其服務對象正從以自然人為主體向以中小微企業和個體經營者為主發展。從服務對象的變化來看，作為非常便捷的融資管道，典當對中國的社會經濟活動起到了重要的推動作用。典當業抓住了經濟社會發展帶來的一連串市場機遇，尤其是在中小企業和民營企業融資方面，推出了很多專項融資服務，在拓寬中小企業市場的同時，也構建了更緊密和完善的合作機制。現代典當業借助互聯

網等現代工具和現代經營理念，更加靈活地服務於中小企業，解決了中小企業融資難的問題。對於這些企業而言，典當行已然成為更加快速和方便的選擇。

（3）典當物品也在發生明顯變化，正在從傳統的金銀首飾、鑽石首飾、手錶、相機等典當品向房地產、汽車、證券三大類轉變。特別是房地產，作為不動產，具有典當金額高、風險低的特點，已然成為金融家首選的典當品。這種變化也是經營理念和服務目標發生變化的結果。

3.4 融入互聯網時代，提升服務能級

中國內地典當業順應互聯網時代的發展，積極轉變經營思路，改變以往「守株待兔」的經營模式，充分發掘和分析潛在的市場需求，並以此為基礎予以訂製化的服務，如典當鑑定服務、貴重物品保管服務等。在定價策略上，依託大數據資料，為不同的客戶予以不同價位的服務。充分利用大數據、移動支付、社交網絡等互聯網資訊技術，將業務拓展至網上典當融資、理財、鑑定、估價、商品銷售、商品拍賣、資產管理等服務領域，發掘更多典當業生存的新空間。

總體來說，內地大部分典當行的電子化水平仍然十分低下。據不完全統計，全國平均每間典當行的從業人員約在 8 人左右。對整體規模如此小的典當企業來說，了解電子及如何促進電子化發展的確相對困難。即使一些規模較大的典當行，在電子化建設上的投入也很有限。儘管如此，在經濟大環境不斷發展的背景下，典當行業的電子化進程仍然在邁步前行。

2005 年以前，典當行業基本上還是只靠人手的業務，基本上沒有電子化系統管理，效率十分低下。只有極少數的大型典當行在電子化建設上有少許投入，例如找軟件公司開發小型的典當系統，但是收效甚微。

2010 年起，出於商務主管部門監管的需要，商務部委託中商商業發

展規劃院啟動全國典當行業數碼化監管系統建設。該系統的推廣應用，標誌著全國典當行電子化建設進入新階段。自此典當行開始告別手寫當票，進入系統化經營時代。然而鑑於政府主管部門的監管需求，該系統更像一種業務監管系統，因此較少考慮典當行自身經營管理的需要。但隨著互聯網尤其是移動互聯網的發展，企業電子化建設的重要性空前提升。因此，越來越多的典當行開始和軟件公司合作，開發適合自身的電子系統，利用移動互聯網等新技術提升管理和服務水平。

典當企業利用互聯網尤其是大數據作為電子化發展，奠定了一定的基礎。部分典當行開始積極地向互聯網領域探索和延伸，建立起專業的網上典當平台。一些企業轉型為流當品網上銷售商，另一些企業專注於當品鑑定等專業領域，很大程度上拓展了典當行的生存空間。當然，典當行的互聯網轉型仍然處於初級階段，面臨的挑戰仍然十分嚴峻。在資訊科技進一步向數據科技發展的背景下，如何利用大數據及人工智慧（AI）等技術促進行業發展，在中國是典當行業能否抓住機遇、應對危機、順勢提升，需要思考的重要問題。

4. 台灣當押業的可持續發展

4.1 環境、社會與管治

在現代社會經濟中，企業的可持續發展不僅著重利潤回報，也包括對環境的影響、社會責任和企業管治。

當舖處理很多流當品，讓這些物品循環再用，當舖獲得利潤的同時也讓產品的生命週期延長，對環境更加友好。例如台北公營當舖開辦「台北惜物網」，惜物網成功改變流當品和傳統報廢公產的處理模式，向民眾提供更便利的二手物購買平台，不僅增加了公庫收入，還節省民眾購置新品支出，減低資源耗費，提升物盡其用的價值，實踐環保 3R（Reduce、Reuse、Recycle），為珍愛地球、環境永續發展盡一份心力。[1] 例如當舖本來已不再收當單車，因為單車已不再具有高的市場價值，但如今單車成為環保交通工具的代表，重新掀起熱潮，台北市動產質借處便重新接受典當單車，並進行翻新再出售，實踐環保理念。

一直以來，當舖對於社會安定都起到一定輔助作用，因為其簡便快速地為民眾解決資金需求，避免民眾因經濟問題陷入困境或衍生出非法行

1 關於惜物網，台北市動產質借處，網址：https://op.gov.taipei/cp.aspx?n=E5362CF6E275E940&s=66D1049D2BACCF13

為，同時抑制高利貸等不利社會的因素。而現代的當舖企業更加明確這種「救急扶危」的理念，提供簡便的融資渠道，協助民眾解決短期緊急資金需求，減輕其利息負擔。在當舖的內部，企業化的管理也讓員工得到更好的發展，培養更多專業人才。而這些專業人才同時回饋社會，例如當舖給民眾提供免費的鑑定服務，民眾可以將自己的物品帶到當舖，請當舖的專業人員鑑定估價；也有當舖會舉辦專門的鑑定會活動，這些鑑定服務不會收取任何費用。

4.2 家族企業與承傳

在台灣，當舖是特許行業，政府一直嚴格控制當舖牌照的發出。國民政府遷台後曾經暫停民營當舖的申請或開設當舖的限制，到 50 年代為照顧遷台的退伍軍人，開始發出「軍牌」的當舖營業執照，即當時當舖牌照的核發以退伍軍人優先。由於不容易獲得牌照，因此當舖業一般都為家族生意，大多為退伍軍人的後代或親戚繼承。除非家中再無人繼承，當舖牌照才有可能轉讓給一般民眾。

台灣最多分店的久大典當機構就是典型的家族當舖企業，也是受惠於「軍牌」制度開設的當舖，其創立於 70 年代，目前已是傳承至第三代。久大典當機構能夠成功，在於率先把當舖用企業化的思維來經營。其第二代負責人王蘊澎在繼承父親的當舖後，於 90 年代初開始改革，從外在形象和內部運作上進行企業化的變革。王蘊澎接管當舖後，立即把當舖這行的基本配備 —— 鐵窗，全部拆掉，並在店內貫徹服務為本的風格，這與其習慣傳統經營方式的父親往往意見不合，但由於其堅持革新，順應社會的改變去發展家業，才避免了在當舖業衰退的情況下被淘汰。由於第二代已經積極為當舖建立了企業化的制度，當他們安排家族第三代進入企業的時候，就能為繼承者減少經營時的錯誤。

久大旗下當舖如和中當舖放棄鐵窗，採用玻璃門面。

4.3 熟客與自置物業

在市場營銷中，企業要維持穩定發展，持續經營，建立熟客關係非常重要，甚至比另外開發新客戶更加重要。對當舖而言，同樣如此。在典當業務方面，對於經常來借款，而且有借有贖的客人，當舖在放出借款和當押品處理上都會給予較多的便利，以維持與熟客的關係。這讓客人在有需要的時候第一時間就會想到自己熟悉的當舖，並會在其他朋友需要時，也向他們介紹相熟的當舖。在流當品銷售方面，則與一般企業的零售業務一樣，需要培養回頭客來重複消費。流當精品一般為高價值商品，二手商品要取得客人的信任從而轉換為購買行為比普通全新商品困難，因而熟客對於當舖來說更加重要。當舖的銷售部會掌握客人的資料和喜好，每當有合價的新流當品，銷售部人員會主動聯絡客人，告知客人有新品到店，或者正好是有客人一直想尋找的商品。同樣，這些熟客在當舖有良好的購物體驗，也會介紹更多朋友來光顧。

當舖自置物業作為經營場所，可以給予客人較多信心。不過在台灣，大眾並不太重視這種經營文化。台灣民營當舖企業在自置物業方面只視乎其實際需要及能力，有能力或已經開業時間很長的當舖通常直接購買店舖作為經營場所，其他則為租借店舖。而公營當舖設置在政府大樓中，屬於政府物業，沒有租金的成本，因而公營當舖可以為民眾提供低於法定的典當利息，這是民營當舖無法相比的。

4.4 現代變遷與企業管治

經營管理的轉變

雖然典當這一古老的融資模式並沒有改變，但隨著現代金融體系的衝擊，以及當舖企業化的發展，現在的當舖在經營上已經化被動為主動，不再像過去只等待客人拿物品上門，坐收利息而已。當舖會找準定位，發揮自身優勢，在融資方面彌補銀行體系的不足，開拓自己的客源。另外當舖不但在外觀上隨著時代改變，內部人員的服務質素和鑑定能力也逐步提升，為當舖塑造了全新的企業形象。

典當服務對象的轉變

以前會去當舖的人，多數真的是經濟十分困難，已經窮途末路了才會去典當唯一有價值的物品來換取金錢。而在現代社會中，越來越多人把當舖當成簡便的周轉機構，對象從一般民眾到工商企業都有。如小企業商人向銀行借錢手續複雜又緩慢，通常把汽車先典當換現金，解決急需，快速又方便；一些中產主婦，也會向當舖典當首飾、名牌手袋等以滿足其他用途的資金需求。

過往流當品的處理很多時候會依靠二手商販直接來回收，但由於現在很多當舖轉型以銷售精品流當品為主，他們不但服務需要來典當的客人，也要直接服務來購買流當品的客人。沒有中間商，當舖可以獲得更多

很多當舖轉型以銷售精品流當品為主

利潤，客人也可以更實惠的價格買到流當精品。因此針對顧客層面的管治，現在的當舖需要同時開發這兩種不同客源，才能讓典當和銷售兩個業務相輔相成，讓當舖資金不斷循環增加。

典當物品的改變

雖然黃金、珠寶一直都是當舖最受歡迎的典當物品，但在不同年代，當舖收當的物品有很大分別。50 年代，雨傘、眼鏡、皮鞋、西裝等都是當舖的熱門貨品，鄉郊地區甚至還有人當鐵鋤、鐵犁等；60 年代，電視機等各種電器成為當舖新寵；隨著人們經濟能力提高，日用品、電器越來越普及，現今當舖已不再收當這些物品。除了黃金珠寶類別，精品型的當舖會以小型貴重物品，如手錶、名牌手袋等為主，汽車當舖則主要收當汽車／機車，甚至房屋不動產。典當物的變化，反映當舖在經營管理中也必須跟隨市場潮流，避免流當品產生囤積問題，才能到獲得盈利，進而持續發展下去。

當舖一邊為典當部門，另一邊為銷售門市。

當舖網絡化

在台灣，民眾對上網購物已經習以為常，消費模式的改變，令台灣當舖也開始積極拓展電子商務。當然還有一個重要原因就是典當利息低廉，當舖需要加快流當品的銷售才能獲得更多利潤。實體店的銷售，只能針對當舖所在地區的顧客，但網絡銷售則可以覆蓋全台灣，甚至是海外的顧客。所以無論是公營當舖還是民營當舖，在處理流當品的時候，都會同時進行網絡銷售。如台北公營當舖的台北惜物網，民營當舖會在台灣知名網絡平台設立自家商店，或建立自己的官方銷售平台。還有當舖業者採用近年最流行的網絡直播方式銷售，因為直播形式可讓客人更清楚了解商品，比起只有文字相片的網頁，更能增加客人的購買意欲。

要開展網絡銷售，除了靠客人在網上搜尋商品，還需要主動接觸潛在客戶，讓更多人知道流當精品，因而當舖也十分注重網絡市場營銷的推廣。如當舖會積極經營不同的社交媒體平台，宣傳即將舉行的流當品拍賣會或將客人導向購物網站。這些社交媒體平台擁有大數據，知道在平台中哪些帳戶對二手精品有興趣，可以幫助當舖發掘更多潛在顧客。而已購買過的客人，也可以通過社交媒體更快地了解到當舖的最新動態，例如有好價的新流當品，可促使客人再次購買商品。

5. 新加坡當押業的可持續發展

可持續發展對於任何一個企業的長期成功經營十分重要。當押業作為傳統行業，雖然面對現代金融體系的競爭，但只要採取有效和具備創新思維的管治方法，當押業仍然可以繼續發展，並且在社會經濟中扮演不可替代的角色。例如大興當集團的母公司利華珠寶發展跨國業務，除新加坡外，集團在馬來西亞、中國香港及澳洲均有典當和商品零售貿易業務。其在馬來西亞擁有 9 間門市，在香港開辦的「大興大押」共有兩間門市，澳洲墨爾本則有一間門市。

5.1 環境、社會與管治

在現代社會經濟中，企業的可持續發展不僅著重利潤回報，也包括對環境的影響、社會責任和企業管治，以及如何在其中取得平衡。對於大型當舖集團來說更要對此制定長遠的策略。

環境保護

典當業銷售流當品，即二手商品，本身有促進商品循環再用的功能，避免浪費，對環境友好。除此之外，大型當舖集團也會在日常營運中採用環保政策，節約水和能源，例如使用 LED 節能燈，紙張重用回收，廢物分類回收等。有的當舖還獲得新加坡環境委員會頒發的生態商店（eco-shop）認證。當舖在實踐保護環境的措施時，也為其營運減少開支，一舉兩得。

社會責任

新加坡的典當業一直以來都扮演著「及時雨」的角色，與民生經濟息息相關，是日常必要的服務。因為其簡便快速地為民眾解決資金需求，避免民眾因經濟問題陷入困境或衍生出非法行為，同時抑制高利貸等不利社會的因素。而現代的當舖企業更加明確這種「救急扶危」的理念，提供簡便的融資渠道，協助民眾解決短期緊急資金需求，減輕其利息負擔。例如在 2019 新冠病毒疫情期間，由新加坡當商公會牽頭，旗下 200 多間會員當舖全部為顧客提供一個月 1% 利息減免，典當期也自動延長一個月，並同樣享有一個月利息減免。當商公會會長何謙誠表示：「一個月全體的當店總營業額大概是 5 億新元左右，那麼 1% 的減免大概有 700 萬、800 萬回饋給顧客的。」[2] 除此之外，當商工會也一直領導會員進行公益捐款等回饋社會的善舉，如捐款給新加坡的大學設立獎學金等。

大型的當舖集團不僅積極參與公會帶領的公益活動，同時也會自發承擔更多社會責任，包括向慈善機構捐款，組織員工進行義工活動，向大學商業學院提供教育、研究等支援。

企業管治

若要可持續發展，在企業管治方面，典當業在以下幾個層面尤為重視。

1. 遵守法規：企業的任何決策都應該遵守法律和新加坡金融管理

2 當商公會：暫免利息 1 個月 當舖收益少 800 萬元，8world 新聞網，網址：https://www.8world.com/singapore/pawn-shop-1103906

局、當商註冊局的規定。

2. 道德與誠信：典當業是與金融有關的行業，也與市民經濟息息相關，因此必須要求企業從上至下，無論是董事還是前線員工都要遵守道德及有高度的誠信。
3. 反腐敗與欺詐行為：金融行業容易出現的問題，在企業管治中必須制定有效的防治方法。有的企業會在內部建立「吹哨者」機制，任何員工在有需要時都可以直接聯絡企業最高層反映問題。
4. 謹慎借款與反洗黑錢：典當業涉及借款、貴重物品買賣，可被不法之徒用來洗黑錢。因此企業也要建立防止洗黑錢的機制，如遇到可疑情況，按機制上報管理層或報警處理。
5. 風險管理：經營風險對企業的經營表現有很大影響，因此需要建立風險管理機制。如方圓當集團在內部建立審計委員會和自己的風險管理框架，實行有效地管理計劃。
6. 客戶服務：企業必須重視對客戶的服務質素以及客人的反饋意見，才能不斷改善自己的經營，並持續滿足市場的需求。

5.2 家族企業與承傳

新加坡的典當業由華人移民開創，在華人傳統中，開辦的業務自然由家庭成員來傳承，慢慢形成家族生意。首先這些早期華人進入典當業後，獲得相關的技術和經驗，會先安排自己的子女或兄弟進入當舖或開分店，之後會擴大到旁系血親的親戚，如表兄弟等。因此新加坡當舖，尤其是較為傳統的當舖，直到現在由家族共同經營的佔近一半。

早期的當舖在傳承方面已經非常有計劃性，如要培養自己的子女接手當舖，便會安排他們在 15、16 歲左右開始接觸當舖的工作，由低做起，慢慢累積經驗到正式接手當舖。然而隨著時代的變遷，現代教育水平的提高，年青人有更多其他發展機會，因此越來越多的當舖第二代、第三代不願意繼承這個傳統行業，讓部分較為傳統的當舖在傳承上遇到困難。

也有一些當舖，積極順應時代的變化，不斷改革，令家族企業可以傳承下去。例如新加坡當商公會會長何謙誠經營的「恒生當」，已傳至第三代。「恒生當」由何謙誠的父親在 1971 年創辦，1985 年由其接手經營。何謙誠本身是土木工程師，他以「外人」視角發現典當業運作欠效率，於是努力通過當工程師時學到的邏輯程式，改變運作流程。何謙誠表示「當時的運作非常傳統，當票還是用毛筆書寫，字跡潦草。抄寫方式人為錯誤太多，整天要翻箱倒櫃找當票，效率低」。為此，他開始讓當舖逐步採用電腦操作、電子當票，並去除鐵欄杆換上防彈玻璃門，是當時典當業的改革先鋒。[3] 到第三代負責人何振華，也表示當舖要改變，採用開放式的設計，吸引年青人，擴大客源，讓他們知道當舖不僅是典當，也可以買賣珠寶名錶這些商品。還有三大當舖集團之一的方圓當集團，由姚賢周在 1988 年與友人合資開設，後來逐步革新，慢慢發展成為現代連鎖式當舖。其子女姚正偉、姚麗真也在集團擔任執行董事，為將來接手家族企業作準備。可見當舖現代化的改革發展將有利於其家族傳承和持續發展。

5.3 熟客與自置物業

在市場營銷中，企業要維持穩定發展，持續經營，建立熟客關係是非常重要的，甚至比另外開發新客戶更加重要。對當舖而言，同樣如此。在典當業務方面，對於經常來借款，而且有借有贖的客人，當舖在放出借款和當押品處理上都會給予較多的便利，以維持與熟客的關係。這讓客人

3　林煇智：〈當舖　夕陽業再發光〉，《聯合晚報》，2017 年 1 月 24 日。

在有需要的時候第一時間就會想到自己熟悉的當舖，並會在其他朋友需要時，也向他們推薦。在流當品銷售方面，則與一般企業的零售業務一樣，需要培養回頭客來重複消費。流當精品一般為高價值商品，二手商品要取得客人的信任從而轉換為購買行為比普通全新商品困難，因此熟客對於當舖來說更加重要。當舖的銷售部會掌握客人的資料和喜好，每當有合價的新流當品，銷售部人員會主動告知客人有新品到店，或者正好是有客人一直想尋找的商品。同樣，這些熟客在當舖有良好的購物體驗，也會介紹更多朋友來光顧。

當舖自置物業作為經營場所，可以給予客人較多信心。不過在新加坡，無論是傳統當舖門面，或是現代化的連鎖當舖並沒有特別標明這一點以招攬客人，可見當地並不太重視這種經營文化。當舖一般只視乎其實際需要及能力，購買店舖作為經營場所。一些老字號傳統當舖，由於早期已買下店面，可以節省租金，使其可以繼續維持原有的經營模式及地點。另外從三大當舖集團的年報資料中，我們可以看到實力雄厚的集團會購買物業作為經營場所，甚至還有多餘的物業可出租以獲得租金收入，這是一般的小型當舖無法相比的。

5.4 現代變遷與企業管治

經營管理的轉變

雖然典當這一古老的融資模式並沒有改變，但隨著現代金融體系的衝擊，以及當舖企業化的發展，現在的當舖在經營上已經變得主動，不像過去只是等著客人拿物品上門，坐收利息而已。當舖會找準定位，發揮自身優勢，在融資方面彌補銀行體系的不足，開拓更多的客源。當舖不但在外觀上隨著時代改變，內部人員的服務質素和專業鑑定能力也逐步提升，為當舖塑造了全新的企業形象。

典當服務對象的轉變

在現代社會中，越來越多人把當舖當成簡便的周轉機構，對象從一般民眾到工商企業都有。個人客戶中，不同階層，不同年齡的人都會使用到當舖，而且以中產客人佔多數，年齡也越來越年輕化。這些中產客人可能因為要購買新車或新樓首期籌集資金，甚至是供子女到海外留學，便可把以往保存的珠寶金飾典當換取資金。[4]而小企業商人向銀行借錢手續複雜又緩慢，遇到資金困難時，可先將暫時不用的奢侈品典當換現金，解決急需，快速又方便。另外還有很多外籍勞工會到當舖將保存的金飾換取現金寄回家鄉。

新加坡的當舖非常注重零售的業務，包括流當品和全新商品的銷售，很多新加坡人已習慣到當舖購買物美價廉的商品，因此他們不但服務需要來典當的客人，也要直接服務來購買商品的客人。另外還有不少客人同時需要典當和購買服務，例如他們看到喜歡的新款式商品，就會典當原有的商品，然後用典當的資金購買新的。因此針對顧客層面的管治，現在的當舖需要同時開發多種不同客源，才能讓典當和銷售兩個業務相輔相成，使當舖資金不斷循環增加。

典當物品的轉變

雖然黃金、珠寶一直都是當舖最受歡迎的典當物品，但在不同年代，當舖收當的物品有很大分別。在五六十年代，一般人沒有太多奢侈品，因此普遍拿生活用品去典當，如縫紉機、腳踏車、皮鞋、大衣、絲綢、紗籠（馬來西亞人的傳統圍裙）等。[5]隨著經濟的發展，現今當舖已不再收當這些物品。目前新加坡典當物品中黃金首飾大約佔九成。除了黃金珠寶

4 〈獅城當舖靠中產撐起〉，《東方日報》，2013 年 12 月 9 日。網址：https://orientaldaily.on.cc/cnt/finance/20131209/mobile/odn-20131209-1209_00202_030.html

5 孫慧紋、陳映蓁：〈典當業　傳承創新雙劍合璧〉，《聯合早報》，2021 年 10 月 3 日。

類別，當舖還會以小型貴重物品，如手錶、名牌手袋等為主。典當物的變化，反映當舖在經營管理中也必須跟隨市場潮流，避免流當品產生囤積問題，才能獲得盈利，進而持續發展下去。

當舖網絡化

雖然新加坡面積不大，而且當舖門市各個地區都有，但很多新加坡當舖都會建立自己的網上平台，推出網絡服務，方便顧客，同時吸引新客群。這些服務包括讓客人可以網上支付利息，網上購物商店及網上估價服務。網絡服務沒有地區和時間限制，但店舖有固定營業時間，這樣不但讓客人可以節省親臨店舖的麻煩，也可以隨時獲得所需的服務及資訊。當舖更可以提高工作效率，服務更多客人，增加收入。在智能手機普及的今日，大興當和銀豐當還推出自家的手機應用程式，提供一站式享用網絡服務。

使用當舖的網上服務或手機程式，必先登記資料。對於當舖來說，收集客人商務資料有助利用數據分析，了解客人的類別和喜好，從而調整推廣策略，並且可以主動出擊，向不同的客人推廣不同的產品或服務，同時提升老顧客對自己當舖的忠誠度和依賴性。除此之外，當舖也會積極經營不同的社交媒體平台，發佈新產品或推廣優惠。這些社交媒體平台擁有更大的數據，知道在平台中哪些帳戶對相關商品有興趣，可以幫助當舖發掘更多潛在顧客。而已購買過的客人，也可以通過社交媒體更快地了解到當舖的最新商品。

第六章

華人社區各地當押業之比較與分析

1. 各地華人社區當押業的共同特質與差異

縱觀各地華人社區中的當押業，均離不開客人以典當品抵押給當舖以換取款項，當舖以典當品貸款獲取利息的本質。但由於各地社會環境、經濟發展不一，當押業的經營方式也存在著不少差異。

1.1 發展歷史與法制規管

當押業是華人社會中的傳統行業，在中國已有過千年的歷史。早期的當押業有不同分類，如今都不再細分當舖類別，只是不同地區對當舖的稱呼有所不同，如港澳地區稱為「押店」，中國內地稱為「典當行」，中國台灣及新加坡稱為「當舖」。在二戰前後，除了少量貴重物品，各地當舖多接受各種日常用品用於典當，如衣物、棉被、工具等等。發展到現代，當舖一般只接受黃金、珠寶、名錶等貴價物品，有些地區如中國大陸、台灣的當舖還接受汽車、房產典當。各地典當物品的價值越來越高，反映了人們經濟生活水平的提升。

1.1.1 歷史轉折

雖然各地當押業都源自古老的華人社會，但隨著時代的變遷，人口的流動，不同地區的當押業也形成了各自的發展軌跡。香港的當押業起源於清朝時期，與廣東地區的當舖一樣，過去多為幾層樓高的當舖，可用於儲存大型的典當物品。隨著經濟的發展和典當物品的變化，如今香港的當舖不再需要很大的空間，都變成了一間間小店。但是香港很多當舖仍然保留著不少古代傳統當舖的特色，如遮羞板、高櫃檯等，這在其他華人地區已很難見到。雖然發展過程中受到銀行金融業的衝擊，香港的當押業出現萎縮的跡象，但每當出現經濟危機時，當舖總是成為百姓融資的快速渠道，幫助民眾度過難關，也因此沒有被時代淘汰。

澳門的當舖和香港一樣，也起源於清朝時期，因為都是廣東地區，所以兩地都習慣使用「蝠鼠吊金錢」的當舖招牌。不過現在的澳門當舖，卻沒有保留傳統的店舖設置。由於澳門博彩業的迅速發展，傳統大當舖漸漸消失，逐漸轉變為以賭客為服務對象的小型押店。只要有賭場的地方，附近一定會有當舖。加上澳門的當舖也提供商品銷售，門店設置則像珠寶金行。中國地區的當押業原本歷史悠久，但在二戰後時期被新政府定義為剝削制度的行業，一度消失，直到 80 年代末才開始重新發展。由於地域廣大，人口眾多，內地的當舖逐漸發展出多種不同模式，同時在改革開放的創新制度下，內地的當舖不止接受傳統的貴重物品典當，汽車、不動產等也成為內地合法的典當物品。

台灣在日佔時期已有當舖，二戰後進入快速發展的階段。由於戰後通脹嚴重及大量外省人遷入台灣，人們對典當融資的需求巨大，導致當舖利息飆升，民眾負擔加重，政府不得不介入控制當舖牌照數目，並且還由此衍生出公營當舖。而民營當舖則慢慢發展為售賣流當精品為主的當舖和汽車、機車（電單車）當舖。新加坡的當押業大約建立於清朝時期，由當時的華人移民創辦，並且 200 年來一直以華人經營為主導。在新加坡政府的推動下，與其他華人社區相比，其當押業可謂是發展最具現代化和多元化的。新加坡當舖不僅外觀像銀行或是奢侈品專門店，並且不斷實行網絡科技化，也是幾個地區中民眾接受程度最高的。

1.1.2 監管

當押業的發展歷史，離不開政府的規管。政府為當押業設立專門的法例，可以推動行業健康有序地發展。中國香港、中國澳門、新加坡三地都曾經是西方國家的「殖民地」，當時的殖民政府已有頒佈關於當押業的專門法例，可以說是當押業法制化的先鋒。其中香港的《當押商條例》和新加坡的《當商條例》在不同歷史時期及政權交替中經過多次修改，逐步完善並形成現行的法例。而澳門原有的法例在回歸以後廢止，卻沒有新的法例取代，所以目前澳門當押業一直沿用傳統的交易慣例，尚無相關專門法則。台灣在二戰後一直由政府頒佈不同的行政命令來規管當押業，直到 2001 年，政府正式頒佈《當舖業法》，並一直沿用至今。由於中國地區的當押業在 80 年代末才開始復甦，政府對當押業規管只散見於其他法例，到 2005 年才頒佈《典當管理辦法》。不過《典當管理辦法》就其法律等級和效力而言，屬於行政規章，層次和效力低於法律。這些法例或規章一般都對當舖的經營範圍、典當期限、利息、罰則等等作出規定，並且建立了一套完善的監督管理機制，可以讓當押業有法可依，提高行業信譽和抵抗風險的能力，保障典當者和當舖，促進當押業向現代金融業轉化。同時，當舖合法地位的確立還有利於打擊非法高利貸活動。目前澳門則是因為沒有專門的法例，在發生問題的時候，無論是典當客戶還是當舖往往是求助無門，同時也導致澳門的當舖較容易出現違法違規行為。另外要在中國港台地區以至新加坡開設當舖，都需申請專門的當舖牌照，內地和澳門則不需要，可以看出前者對當押業法制化規管更為完善。

1.2 營運方式

1.2.1 公私營與獨資小店

由於各地的政治、經濟環境不同，當舖的營運方式也呈現出多種不同類型。以公私營區分，目前只有中國大陸和中國台灣有公營當舖。新加坡也曾經出現過與公營運作關係密切的當舖，但為期十分短暫。國有典當行在內地佔比不多，但規模則比較大，例如華夏典當行，是中國人民銀行全資控股的，也是全國規模最大的典當行之一。台灣的公營當舖比例就更小，相對於大約 2,000 間民營當舖，公營當舖只有台北市和高雄市兩間，不過公營當舖在規模上比一般私營當舖大，如台北市公營當舖，共有 8 個服務據點，覆蓋了台北市的主要區域。另外公營當舖因有政府資助，可以為典當的民眾提供更低的借款利息，但相比私營當舖，公營當舖收當物品的種類和借款額度都受到限制，同時就規範了客戶群體。目前來說，各地當押業還是以私人經營為主。

在私營當押業市場中，營運方式有獨資經營的小店，擁有分店的連鎖當舖，也有集團式經營的上市公司。獨資經營的小型當舖，一般只有老闆和少數幾位員工，老闆同時擔任「朝奉」，決定典當事宜，這類當舖由個人管理，經營模式隨管理者的喜好而定，內部人員亦沒有很明確的分工，可能同時負責多項不同工作，因此並不具備完整的企業模式。採用這種營運方式的當舖在大部分地區都有，但不同地區所佔的比重不一。在香港，大部分都是這樣的獨資小店。由於香港租金昂貴，現在多數當舖都十分迷你，面積只有 100 多呎，店裡往往只有老闆和另一名員工兩人打理。澳門和台灣同樣也是小型當舖佔多數，但由於澳門和台灣的當舖同時可以銷售商品，因此有的當舖還會有專門負責銷售的員工。新加坡的小型獨資當舖大約佔整個新加坡當舖市場的三分之一，這些當舖通常都是幾十年的老字號，當舖內也可以銷售商品。在中國，由於當舖的註冊資本要求最少需要 300 萬人民幣，而且必須是實質資金。另外很多內地的當舖都從事房地產典當借款，需要的註冊資本則更多，公司也必須具備一定規模。因此在內地，小店式的當舖不多，即使是單一形式，大部分也是具有企業化模式經營的公司，內部運作有明確的組織架構與分工，有較完善的公司管理制度等。

1.2.2 聯營

當一間當舖發展到一定程度，獲取足夠的利潤，便可能開設分店，慢慢形成連鎖式當舖。在香港的當舖中，有些當舖是由同一家族或同一個經營者開設，但由於法例的限制，當舖都有獨立的店名，所以有時無法分辨。這些當舖在經營模式及架構上仍然較為傳統，一般仍然是由老闆決策為主導。這種形式的小型連鎖當舖在澳門也是同樣情況。另外新加坡也有部分傳統當舖互為聯營關係，通常由同一家族的成員各自開設，但是彼此運作相對獨立，並沒有統一管理。

在香港，也有連鎖當舖將外觀裝修統一，掛上母公司名稱，由公司管理。這樣的當舖即使不同店名，客人也能知道這是同一間公司的當舖，具有一定規模，讓客人提高信心。如 50 年代「當業大王」高可寧創辦的富成按揭有限公司，現今在香港仍然經營約 10 間當舖。台灣的情況與香港類似，連鎖當舖即使是同一公司經營也需要使用單獨的店名。而在中國和新加坡，當舖可以直接在不同區域設立分店，門店統一裝修，員工統一制服，形式如同銀行一般，整體規模也較大。這種連鎖當舖有利於當舖樹立企業品牌形象，提高市場佔有率。

1.2.3 上市公司

在中國香港、中國內地和新加坡三個地區，皆有上市的當舖集團。靄華押業集團為香港本地唯一一間上市的當舖業集團，擁有 12 間當舖分店。雖然由當舖起家，但目前靄華押業約 65% 的業務為物業按揭貸款，典當業務則佔約 35%。雖然靄華為上市集團，但旗下當舖除外觀有靄華品牌招牌，內部設置與一般小型當舖並沒有太大分別。而且香港的當舖不能直接將流當品作零售，因此店內也不需要有商品銷售的空間，加上香港地舖租金昂貴，也讓當舖只用小面積的經營空間，店內有兩三名員工即可。

在中國，由於典當可以包括房產典當和汽車典當，因此這些業務在上市當舖集團的營業額中佔有較大的比例，而一般動產，即民品[1]典當相對在金額上則較小。不過中國古董多，市場前景也應廣闊，所以這些集團在店舖設置上，可能只有一兩間用於民品典當和商品銷售的門市，其餘則是在商業大廈設置辦公室。有的上市集團典當業務只有 12% 至 30%，其餘以金融業務佔主要份額。還有一些知名上市企業，如老鳳祥集團，旗下也有當舖，雖然在整個集團業務中佔據的份額不大，但依託母公司的強大背景，使其成為了當地主要的當舖。

新加坡的情況則很不一樣。新加坡則有 3 間上市當舖集團，他們旗下分店數量眾多，遍佈新加坡各個地區。整個新加坡 200 多間當舖，三大集團佔了大約一半。除了在新加坡，他們也積極拓展海外業務，在馬來西亞也擁有不少分店，其中大興當集團的海外業務還涉及香港和澳洲。這些當舖集團的主要業務包括典當和商品零售，也從事其他貸款業務，而典當業務的利息收入大約佔整個集團利潤的 20% 至 54%。

1　民品是指黃鉑金、手錶、翡翠玉石、鑽飾、古玩字畫、數碼產品等物品。

1.3 經營機遇與挑戰

隨著經濟環境的改變，各地當押業在經營發展中都遇到不少挑戰，其中一些更是要共同面對的。

1.3.1 收當物品時面對的風險

雖然現代當舖的專業化程度越來越高，也不乏鑑定儀器及有經驗的專業人員，但各地當舖被仿冒製品欺騙的事件仍然時有發生。因為仿製品的精確度也越來越高，幾乎能夠以假亂真。這些欺詐行為通常會針對一些小型、傳統的當舖，因為他們的鑑定儀器比不上大當舖先進，很多時候只能靠朝奉的經驗分辨物品，較容易收取仿製品，遭受損失。為此，很多大型當舖都會開始採用高科技檢測器來取代傳統檢驗方法，提高對人員的專業培訓，以減少收到假貨的頻率。尤其在中國大陸、中國台灣和新加坡，當地較有規模的當舖都會增添專業設備，讓員工參與專業的鑑定課程。而在香港和澳門，由於多數都是傳統小型當舖，無論是員工培訓還是鑑定方法，仍然沿用一些較傳統的方式。而且不少針對香港和澳門當舖的騙徒都是外地人，得手後立即離境，報警後也難以追查。

除了假貨，當舖收當物品時還要面對收取「賊贓」的風險。雖然各地警察部門都會向當舖發送盜竊物品的信息，但由於時間上的差別，當舖未必可以即時收到相關資料而接收了「賊贓」。所以當舖的朝奉不僅要有鑑定能力，也要有細微觀察客人的經驗，看看典當人是否心術不正。

1.3.2 缺乏當押業人才

當舖最重要的職位是朝奉，朝奉收當什麼物品，給予客人什麼當價，直接影響到當舖的經營收益。但各地的傳統當舖，往往很難找到接班人，因年輕人對當舖業務多不感興趣，而且傳統當舖的師徒制，習慣上只經熟人介紹，也縮窄了當舖開拓人才的空間。對於大型當舖來說，公司會提供培訓給新人，但要培養一個專業人員也不容易，並且還要在激烈的競爭中留得住人才。在中國，雖然人才眾多，但在典當行業中，同樣缺乏大量的專業鑑定人才。目前，典當行業專業鑑定人才的匱乏，已經成為制約傳統動產，即珠寶、古董、玉石、名錶等典當行業發展的最大瓶頸，因此很多當舖著重發展對專業技術要求較低的房產及汽車典當。

1.3.3 面對現代金融業的競爭

現代銀行體系發達，再加上各種不同的金融財務公司，民眾需要借貸時有多種不同選擇，不一定選擇當舖，特別對於年輕人，當舖顯得更加沒有吸引力。面對這種情況，有的當舖積極因應環境改變，有的仍然維持較為保守的狀態。

香港的當舖是各地中轉變最小的。雖然很多當舖已使用電腦記錄來提高工作效率，但經營模式並沒有太大的轉變，仍然維持傳統典當業務，也因為法例的限制，無法開展流當品零售，只能轉售給二手回收商。在借貸行業激烈的競爭中，目前顧客包括麻雀館常客、老齡人口、外籍工人這些難以從銀行獲得借款的人群，他們成為香港當舖的主要客人，維持著當舖的生存。

在澳門，本地居民今天已很少使用當舖，主要客源來自賭場的賭客，因此當舖也開設在賭場附近。不過經濟發展導致典當需求下降，澳門的當舖便轉型以商品零售為主，因而也改變了以前傳統當舖的門面，現時裝潢如珠寶金店一般。澳門的當押業客源主要是賭客和外地遊客，因而逐漸發展成與博彩旅遊業相輔相成的行業，而其他地方的當舖多是服務當地居民。也正因如此，澳門當舖出現過於依賴博彩旅遊業的問題，當博彩旅遊業業績下滑時，當舖也隨即受到牽連。

台灣的當舖在面對競爭及客群老化的情況下，也改變了過去的經營模式，重新為當舖打造明亮、開放的空間，並且在櫥窗展示流當精品吸引客人。這些流當精品價格實惠，品質有保障，受到很多消費者的喜愛。另外還有一部分當舖轉型汽車當舖，專門從事汽車、電單車抵押借款。台灣的人均擁有汽車量和電單車的比例有較高水平，因此也常見用車來典當。另外台灣的當舖在經營上較為主動，會在電視和報紙上刊登廣告，派發傳單，拜訪工商客人等等。

內地的當舖大多為中小企業服務。中國內地的中小企業正值蓬勃發展的時期，對資金有很大的需求，但不少中小企業卻難以向銀行融資，而當舖不但接受用傳統動產典當，也接受用汽車、房產、生產設備等典當，因此當舖成為了銀行的補充，可以快速幫助中小企業、個體工商戶提供短期融資服務。有的當舖還會與銀行合作，將資金需求大的客戶推薦給銀行，銀行將資金需求小，只需短期融資的客戶分流給當舖。中小企業成為了當舖的主要客群，相對來說，一般民眾則較少使用到當舖，是有待積極開發的客戶群。

在華人社區中，新加坡的當舖變革最大，現代化程度最高。採用電腦系統和電子當票，改變當舖門面裝潢，擴大商品零售，過去傳統華人當舖到今日已變得可與銀行媲美。典當業務配合商品零售，專業能力的提升，令其服務的客群廣大，從一般藍領階層、中產富裕人家，到中小企業都是當舖的客人，連年輕人也喜歡到當舖購買或換購各種名牌商品。新加坡當舖的轉變，除了經營者的改革能力，同時也受到政府的積極推動，可供其他地方政府參考。

1.3.4 當舖網絡化

現代人的生活，幾乎都離不開互聯網：網上購物、網上辦理事項、網上尋找資訊。為此，有的當舖也開始積極拓展電子商務。中國台灣和新加坡的不少當舖都會建立自己網站和網絡商品銷售平台，開設社交媒體帳戶與客人互動，吸引更多年輕客人。進軍網絡，可以為當舖提高知名度，增加商品銷售的渠道。而新加坡的一些當舖更加推出多種網絡服務和手機應用程式，習慣使用網絡客人可以網上估價、繳付典當利息、購物，讓門市員工可以節省時間，提高工作效率，省卻的資源可以服務更多習慣到門市的客人，真正達致線上線下相互融合。新加坡當舖的網絡化是目前幾個地區中最為出色的。

在中國內地，部分當舖也開始積極地向互聯網領域探索和延伸，建立起專業的網上典當平台，也有一些企業轉型為流當品電商，很大程度上拓展了典當行的生存空間。不過中國當舖的網絡化轉型仍然處於較初級階段，需要進一步開發更多功能，從而可以將業務擴展到全國範圍，爭取更多客戶群體。

反觀香港和澳門，雖然網絡在日常生活已十分普及，但兩地的當舖卻沒有積極開發網絡市場。香港的當舖可能由於無法直接零售流當商品，而無法參與網絡購物的熱潮。澳門則由於一直服務於單一的遊客群體，不需要開發網絡渠道。但兩地當舖其實也應該進行多一些網絡宣傳，讓年輕人對當舖有更多正面的認識，讓更多人了解當舖這種快速融資的渠道，增加盈利的機會。

1.4 管治與變革

1.4.1 傳統管治與現代化企業管治

雖然典當這一古老的融資模式並沒有改變，但各地的現代當舖在經營管理上都發生著不同的變化。港澳兩地的當舖，過去有大規模的「當」和「按」，當舖可以是樓高幾層的建築，人手較多，分工明確。隨著時代變遷，如今大都變成小型的押店，員工數量減少，管理上則更加簡單，並沒有完善的經營管理系統，經營方式也較被動，相對其他地區而言更傳統。

中國台灣和新加坡的很多當舖在經營上已經化被動為主動，不再像過去只是等著客人拿物品上門，坐收利息而已。當舖會找準定位，發揮自身優勢，在融資方面彌補銀行體系的不足，開拓自己的客源。另外當舖不但在外觀上隨著時代改變，內部人員的服務質素和鑑定能力也逐步提升，為當舖塑造了全新的企業形象。

中國內地的當舖同樣打破傳統，向企業化發展，塑造專業的形象，從一般以動產典當為主的行業向包括動產、不動產、財產權利等多元化的借貸行業發展，滿足普通民眾和中小企業對資金的不同需求，彌補了銀行信貸的不足之處。

1.4.2 典當服務對象

以前去當舖的人，大多數真的是已經窮途末路才會去典當物品。如今當舖服務的對象，包括各種階層的人士，各地也有自己獨特的客戶群。在香港，當舖的客群主要是年紀較大的民眾、賭客、外籍傭工及小生意人。澳門當舖主要服務於來澳的賭客和遊客，為他們提供賭場的資金或向他們銷售商品。中國台灣和新加坡當舖的客群則從一般民眾到工商企業都有，客群更為廣泛。同時他們也注重商品銷售，客群主要是中產人士和年輕的客人，這些客人喜歡到當舖購買價廉物美的二手品牌商品或珠寶首飾。中國的當舖除了一般民眾，則更多地服務於中小企業和個體戶等，特別是對中小企業的融資方面，開發了許多特色融資產品，進一步拓展了中小企業市場，解決了他們資金需求的燃眉之急，典當行業由此成為中小企業快速、方便、迅捷的融資綠色通道。針對顧客層面，香港和澳門的當舖更加需要開發多種不同客源，增加當舖的收益。

1.4.3 典當物品的轉變

在過去的年代，當舖會收當衣服、棉被、皮鞋等日用品。隨著經濟發展，現在的當舖主要接受金銀首飾、珠寶鑽石、名牌手錶、手袋等，也包括手機等電子產品。台灣也流行以汽車、電單車作典當。而中國的當舖轉向以房產、汽車、有價證券為主。尤其是房地產作為不動產，相比其他物品典當金額較高，風險相對較小，而且與向銀行抵押房產相比，典當房產借款更為快捷，借款時間長度更靈活，符合典當短期快速融資的特點，因此已逐漸成為融資人首選的典當物品。典當物的變化，反映當舖在經營管理中也必須跟隨市場潮流，盡量避免容易產生風險的物品，才能到獲得盈利，進而持續發展下去。

1.4.4 人才培訓

由於香港和澳門的當舖管治仍然較為傳統，因此在人才培訓上還是以師徒制為主，一般依靠熟人或親戚介紹來招聘學徒。學徒除了要負責協助店舖的各項工作，也要跟師傅學習鑑定知識，花費時間又長，因此也越來越少年輕人願意進入這一行業。除了像靄華押業這樣的當舖集團，會為員工提供在職培訓，挑選員工參加寶石學等專業課程，一般小型當舖難以做到。中國台灣和新加坡的企業型當舖在針對人才的管治，則會首先注重分工，不同部門安排相關的人才，同時也要為他們提供不同的培訓。特別是負責典當的員工，公司會安排其參加專業的鑑定培訓課程，考取相關證書或牌照，因為只要擁有專業資格，才能較準確地分辨收物品的價值，給予客人適當的典當價格，對當舖的經營及聲譽都極為重要。在中國內地，由於缺乏專業的鑑定人才，因而很多當舖主要以經營房產、汽車典當為主，民品典當發展則較大受人才短缺所限。不過中國民間收藏各朝代的古董很多，民品典當的前景應很廣闊。因此有些典當企業會從招聘和培訓兩個方面著手。開拓新的招聘渠道，包括直接招收典當相關課程畢業的學生（如天津南開大學濱海學院工商管理〔拍賣與典當方向〕專業），引進境外典當人才。另外加強對內部員工的專業培訓，優化師徒制度等。

1.5 可持續發展

當押業作為傳統行業，雖然面對現代金融體系的強大競爭，不但沒有被淘汰，在一些地區甚至發展得越來越好。

能快速為民眾提供短期資金需求，發揮「救急扶危」的作用是各地當押業持續發展的共同經濟因素。同時，當舖企業也注重對環境的影響，對社會的責任以及內部的管治，這也是令當押業可持續發展的要素。

當押業本身不會對環境造成影響，而且其處理二手流當品，再獲得利潤的同時令物品循環再用，對環境保護有正面的作用。特別是中國台灣和新加坡的一些當舖，以經營各種精品流當品為主，通過翻新和維修，提升了二手商品的價值，也增加了自身的收入。另外大型企業，尤其是上市當舖集團還會制定一些在營運中採取的環境保護措施。

無論哪個地區的當押業，對於社會安定都起到一定的輔助作用，因為其簡便快速地為民眾解決資金需求，避免民眾因經濟問題陷入困境或衍生出非法行為，同時抑制高利貸等不利社會的因素。同樣重要的是，各地的當押業也協助相關部門防止洗黑錢、反貪污等行為。在履行社會責任方面，則以新加坡當舖最為積極。在新加坡當商公會的帶領下，當舖會員持續進行公益活動回饋社會，大型當舖企業更是自發承擔更多社會責任，組織慈善活動。這些舉措不僅有益社會，也提高了當押業的聲譽，也成為新加坡當押業被社會高度接受的原因，值得其他地區參考。

在當舖的內部，企業管治也對可持續發展有著重大影響。各地的上市當舖企業都會制定一套完善的管治制度，包括對當地政府法規的履行、內部員工守則、風險管理制度、對產品及客戶服務的要求等等。另外一些非上市的連鎖當舖也會採取相應的企業管治方法，來逐步壯大企業的發展，這在中國大陸、中國台灣及新加坡當舖企業中都可以見到。相反，由於香港和澳門大多為小型傳統當舖，缺乏企業化的管治，兩地的當舖將會面對更多可持續發展的挑戰。

1.5.1 家族承傳

在中國港澳台地區以及新加坡地區，很多當舖都是家族經營，一代傳一代，但當舖每一代經營的方式可能和上一代很不同。時代在變化，社會經濟在變化，有的當舖在年輕一代接手後，改變傳統習慣，更加以現代企業化的思維來經營當舖。在這方面，中國台灣和新加坡的家族當舖企業改革最為明顯，也讓他們成功吸納更多不同客群，拓展更多市場份額。同時，建立企業化的管理制度，也讓再下一代繼承當舖時更容易上手，家族企業可以更長遠地承傳下去。

相對來說，傳統小型當舖在家族承傳方面則較為困難。年輕一代不願經營傳統當舖，長遠來說小型當舖也難以抵抗社會經濟變革、客源減少等問題，有些當舖將會被大集團收購。香港和澳門的傳統當舖正是面臨這樣的問題。是否要為當舖進行現代化改革，將會是傳統當舖能否繼續承傳下去的重要條件。

由於中國內地的當押業到 90 年代才開始重新有序發展，暫時還沒有明顯的家族承傳問題。另外由於內地民營企業本身歷史較短，很多企業管理者還沒有家族承傳的經驗，不像中國港台地區、新加坡等家族企業早早就會制定好培養接班人的計劃。這對內地當舖企業未來的發展是一大挑戰。因而目前在內地有大學開辦相關的課程，如北京大學高層管理培訓中心開設「青年企業家歷史傳承與創新研修班」，正是為中國家族企業培養接班人而設立，其課程幫助青年企業家拓展國際視野，學習企業經營和家族企業管治的系統知識和方法等，幫助企業傳承創新。

1.5.2 企業化上市

經營當舖需要準備大量資金用於借款，但其不能像銀行一樣接受存款，一般只能通過股東出資、經營利潤以及向銀行貸款等方式獲得資金。為了滿足日益增長的融資需求或其他相關業務的發展，通過上市發行股票來籌集資金也成為當舖企業持續發展壯大的途徑。如香港靄華押業通過上市籌集的資金，大力開展當舖連鎖化經營及房產貸款業務，其房產貸款業務比例比起上市之前增加數倍。新加坡的大興當通過上市，將資金用於開設更多分店，佔據更多市場份額，同時可支持其進軍海外市場。在中國，典當貸款限額受到註冊資本的限制，公司上市增加註冊資本則可提高典當貸款的額度，對於主力房地產典當的公司，可以提高其借款的能力，開拓更多業務，也可以為其在全國範圍擴張作準備。

當舖作為傳統借貸行業，過去總給予大眾神秘負面的印象，更受到新型金融行業的挑戰。當舖企業上市，要根據上市公司的規定公開業績、財務狀況、公司資料等等，要設立董事會及管理制度，提高了透明度，也提升了當舖的知名度，讓更多民眾了解當押業，吸引更多人選擇使用當舖的服務或到當舖購買商品。另外在典當人才缺乏的環境下，上市公司更有能力吸引和培訓人才。另外甚至可將公司股份作為員工獎勵，提高員工的歸屬感，減低流動率，保留人才。

當舖的企業化發展，為傳統行業注入新的動力，更能適應瞬息萬變的社會經濟環境，讓這古老的行業可以新的姿態不斷延續。

1.6 表列總結：華人社區當押業之異同

比較層面／地域	歷史發展與法規	營運方式	機遇與挑戰	管治與革新	可持續發展
香港	起源於清朝並保留過去傳統的當舖門面設置，惟從大型店舖縮小成小店。 當舖需領取專門牌照，受當押業法例規管。	多為小型私人當舖，個別營運者擁有幾間當舖分店，其中一間為上市集團。	**挑戰：**收當物品的風險、專業人才缺乏、其他借貸行業的競爭、客群縮小。 **機遇：**可利用互聯網絡，積極開發新渠道，爭取更多客群。一國兩制，背向祖國，面對世界及法治社會，特別有利於香港傳統企業的發展。	因多數為傳統小型當舖，只有一間上市集團，因而大部分當舖較少注重企業管治及革新。	仍有可持續發展的空間，但小型當舖亦需要積極考慮變革，或被大集團收購，形成集團式發展。
澳門	起源於清朝，從大型店舖縮小成小店，並圍繞賭場而生。 沒有當押業專門法例。	多為小型私人當舖，個別營運者擁有幾間當舖分店。	**挑戰：**收當物品的風險、專業人才缺乏、其他借貸行業的競爭、客群過度單一化、對博彩業過度依賴。 **機遇：**可利用互聯網絡，積極開發新渠道，爭取更多客群。	因多數為傳統小型當舖，因而較少注重企業管治及革新。	伴隨賭場繼續發展，但亦需開拓本地客源，增加本地人信心，才可持續發展。

中國內地	歷史悠久，但因政權交替一度停止，到80年代末才恢復發展。 受當押業相關行政規章規管。	一般為企業化公司，具備一定規模。主要有4間當舖業務的上市公司。	**挑戰：**收當物品的風險、專業人才缺乏、其他借貸行業的競爭。 **機遇：**中小企業融資需求增加；中國古董多，可積極開發古董典當市場。	當舖企業化發展，更趨向金融借貸公司，典當業務所涉層面較廣。	作為銀行系統的補充機構，在中國的金融市場可持續發展。
台灣	起源於日佔時期，於二戰後快速發展，公私營當舖並存。 當舖需領取專門牌照，受當押業法例規管。	多為小型私人當舖，有部分發展為企業化公司以及連鎖式當舖。另有兩間公營當舖。	**挑戰：**收當物品的風險、專業人才缺乏、其他借貸行業的競爭。 **機遇：**網絡化發展以開拓新的商機。	部分當舖開始企業化發展，建立管治制度。	公私營當舖都以作為銀行以外的快速借貸機構方面持續發展，而典當商品銷售渠道亦越來越多元化。
新加坡	起源於清朝時期的華人移民，發展具有高度現代化，打破傳統當舖概念。 當舖需領取專門牌照，受當押業法例規管。	三大上市當舖集團佔據新加坡當舖市場約一半份額，另外還有部分小型連鎖當舖。小型私人傳統當舖逐漸減少。	**挑戰：**收當物品的風險、專業人才缺乏、其他借貸行業的競爭。 **機遇：**網絡化發展開拓新的商機，現代化改革帶來更多客群。	當舖企業化發展程度高，建立有效的管治和現代化改革制度。此類當舖成為主流。	企業化當舖將會持續保持競爭力，在提供傳統典當服務上，開闢多元化的渠道，建立企業品牌有利其長遠發展。

當押業在東盟國家的發展空間

1. 馬來西亞的當押業

當舖必須申請牌照成為合法當舖

東南亞國家聯盟（東盟）由印尼、泰國、馬來西亞、菲律賓、新加坡、文萊、越南、老撾、柬埔寨及緬甸 10 個國家組成，是亞洲第三大經濟體。中國在東盟的貿易和投資份額持續上升，兩地已成為彼此的最大貿易夥伴。隨著香港企業積極向外拓展，東盟與香港的貿易投資往來也將越來越頻密。

當舖在不少東南亞國家十分普及，而且近年來越來越多民眾使用當舖融資。尤其是在經濟環境不明的情況下，銀行提高貸款要求，民眾若是急需現金，最快捷的方式就是到當舖典當物品，因此加快了東南亞當押業的發展。我們之前已討論過新加坡，此章節將簡述另外 9 個國家的當押業概況。

馬來西亞是有針對當押業立法的國家，並早在 1910 年已制定了當押業的法例，由此可以推斷馬來西亞的當押業至少有百多年的歷史。經過歷史的變遷，馬來西亞目前使用的是 70 年代制定的《1972 當商法令》（*Pawnbrokers Act 1972*），內容主要包括當舖開業許可、當舖經營記錄、當票內容、當舖利息、流當物處理等。馬來西亞政府一直對當押業嚴格監管，由馬來西亞房屋及地方政府發展部（Ministry of Housing and Local

馬來西亞的華人當鋪——舜順餉當（左）和白沙羅當店（右）

Government〔Kementerian Perumahan dan Kerajaan Tempatan〕）負責典當牌照的申請。要申請開設當鋪並不容易。首先申請者必須是良好市民，身家清白，不曾涉及任何違法行為，此部分由警察總部審核。另外申請者必須投資 400 萬馬來西亞令吉（約 700 萬港幣）的實繳資本，以保障典當者的利益。如要開設分店，每一間分店都需要申請牌照，而且同樣需要 400 萬馬來西亞令吉的實繳資本。政府還規定典當牌照每兩年需要續期一次，另外當鋪的營業時間必須是早上 8 時至晚上 6 時。

2022 年馬來西亞共有 700 多間當鋪，多數由華人經營，很多已是開業幾十年的傳統當鋪，採用高櫃檯、鐵欄杆，顯得比較老舊，再加上當鋪沒有直接銷售流當品，所以門店設計也多數維持在當年開業的樣子。在接受典當品方面，馬來西亞的當鋪一般只接受金飾、珠寶鑽石，另外因為仿製名錶太多，只有少數有鑑定技術和經驗的當鋪才會接受名錶。根據法令，當鋪可借款的最高金額不可超過 1 萬令吉（約 1 萬 6,000 多港幣），因此對可收當的物品也造成限制。在典當程序中，當鋪需記錄客人的身份證號碼、住家地址及聯絡電話。為避免收到仿製品和賊贓，很多當鋪還

當舖掛著月利率 1.5% 的橫幅招攬客人

會要求對方出示購買物品時的票據。如遇到跨區或跨州來典當物品的客人，當舖業者通常都會更留心對方是否不法之徒。

根據法令，馬來西亞典當物品的利息為月利率 2%，在競爭大的地區，有些當舖會下調至月利率到 1.5% 來爭取更多生意。典當期限則是 6 個月，到期後如仍無法贖回物品，可以繳付之前 6 個月利息以獲得續期。如果典當到期後客人沒有來贖回典當品或繳付利息續期，根據法令，當舖需要先給予客人一個月寬限期，期間也要寄出掛號信通知客人當期屆滿的事宜。之後再過兩三個月，客人仍然沒有出現，那麼低於 200 令吉（約 330 港幣）的典當品可直接歸當舖所有，可出售給二手銷售商。而高於 200 令吉的典當品必須整理後提交給特許拍賣官進行拍賣，拍賣行在每個月的第一個星期都會進行流當品的公開拍賣會。拍賣後所得金額，在扣除拍賣手續費後，剩下的金額如扣除該典當品的借款金額和利息有多餘的差額，還需要歸還給客人。如果客人沒有來取回差額，其款項也不能歸當舖所有，而需要交給特定的政府部門。因此在馬來西亞，大部分流當品並不能由當舖直接處理銷售，還要花更多的人力去處理拍賣程序，當舖也無法獲得更多的利潤。所以當舖業者都希望客人可以按時贖回物品。由此可見，馬來西亞當舖的盈利收入主要是靠收取典當利息。

除了真正需要借款的客人，也有民眾會利用當舖的保險箱來保管自己的貴重物品。因為當舖的保安系統符合政府要求的標準，同時也是警察巡查的重點位置，因此保安方面十分嚴密。再加上當舖收取的利息低廉，遠遠比銀行保險箱的服務划算。

近年，在馬來西亞，除了現代金融體系衝擊著當押業，行業內部的競爭越來越激烈，讓華人傳統當舖面臨生存問題。雖然開設當舖的門檻高，但像新加坡的當舖集團，擁有雄厚的資本，因此在馬來西亞開設了不少分店，當舖數量的增加必定造成行業競爭加大。除此之外，馬來西亞的人民銀行和農業銀行也有提供典當服務，或一些銀行附設伊斯蘭當舖，都加劇了行業的競爭。馬來西亞有六成人口都是伊斯蘭教徒，因此在伊斯蘭當舖出現後，他們更傾向選擇伊斯蘭當舖，一來更符合伊斯蘭教法，二來伊斯蘭當舖提供的利息更低，月息是 0.65% 至 0.85%，因而也吸引了一些非伊斯蘭教的民眾光顧。

連鎖當舖方面，馬來西亞目前只有一間上市當舖集團 Pappajack Berhad。該集團創辦人為華人兩姊弟，家族過往並沒有經營當舖。他們在 2014 年獲得當舖牌照，進入當押業，目前擁有 30 間分店，並於 2022 年 4 月在馬來西亞股市創業板上市。集團通過上市籌集資金，作為現金資本用於借貸，另外可以開設更多分店。Pappajack 主要收的典當物為黃金，當價一般是黃金市場價格的 90%，而客戶群體主要是急需現金周轉的微型商人和一般民眾。集團創辦人認為馬來西亞的當押業在金融體系中扮演著輔助的角色，為無法以信用借貸的民眾提供簡便快捷融資渠道，不會因為銀行或其他金融借貸公司受到強大衝擊。另外與鄰國新加坡相比，新加坡有 600 多萬人口，200 多間當舖，而馬來西亞有 3,000 多萬人口，約 700 間當舖，以人口比例來說，當舖仍然有不小的發展空間。

雖然當押業在馬來西亞的借貸行業中佔有一定比例，但是當舖業者亦希望政府可以調整已過時的法例要求，如提高最高借貸額，以及最低的拍賣物品價格，因為這些金額要求在今時今日已不合時宜，並會影響當押業的持續發展。如果政策可以優化，相信馬來西亞的當押業會有更大的發展空間。

2. 越南的當押業

根據福布斯 2022 年數據，越南大大小小的當舖共有 3 萬多間，大部分都是個人或家族經營的小型當舖，而且行業中存在不少透明度低、收取過多利息的當舖。在越南經營當舖雖然也需要申請牌照，但因為政府並沒有制定專門的法例，其規管只是在民法典和企業法的部分條例，符合資格的個人和公司（如沒有違法紀錄）都可以申請開設當舖，且沒有資本要求，因此要進入當押業十分容易，也造成行業中良莠不齊的情況。在典當利息方面，政府規定當舖收取的利率依照民法典中的借貸利率，不超過年利率 20%。典當期限則沒有明確規定。越南民眾一般對小型傳統當舖信心低，他們會擔心被多收利息，或典當的電子產品被偷換零件等。

但近 10 年來，越南的當押業開始出現很大的變化——連鎖當舖的興起及不斷擴張，並且獲得外國企業投資，這讓越南的當押業進入新的發展歷程。連鎖當舖 F88 成立於 2013 年，是越南最早、規模最大的連鎖當舖。創辦人 Phùng Anh Tuấn 在投資當押業之前曾創辦其他生意，由於資金周轉所需，他便向當舖典當借款。他發現當舖收取的利息高昂，缺乏透明度，讓人們有所抗拒，但為了快速獲得資金不得不到當舖典當。於是他開始投資當舖，並希望改變當舖的形象，將其透明化、專業化。F88 收取的年利息 13.2%，典當期間最多 3 個月，最多可延長至 12 個月，提供的典當金額為典當品市場價格的 80%。F88 的門市設計明亮開揚，員工統一制服，並且有專業的估價團隊對典當品進行準確估價，這讓越南的民眾耳目一新，對當舖信心大增。除了一般民眾，F88 也吸引了不少小型企業商人，他們都是急需現金但卻無法從銀行獲得貸款。F88 其後更獲得融資，繼續擴展分店，目前全國共有 500 多間營業點，並計劃在 2024 年上市。除了 F88，越南還有幾間大型連鎖當舖，包括 2016 年成立的 VietMoney，2021 年開業的 T99，亦有老牌珠寶公司富潤金銀珠寶股份公司（Phu Nhuan Jewelry Joint Stock Company, PNJ）在 2017 年投資成立黃金朋友（CTCP Người Bạn Vàng）連鎖當舖，專門辦理手機、手提電腦、黃金、珠寶和鑽石首飾的典當業務。

在越南，典當物品的種類除了傳統的黃金、珠寶和鑽石首飾，還包括電單車、汽車、手機、手提電腦等。由於電單車和智能手機在越南的普及程度極高，尤其是年輕的民眾很多時候會以此作為典當品。於是當舖必須有針對不同物品的專業估價人員，才能降低風險，增加盈利機會。連鎖當舖可以培養不同領域的專業鑑定人員，相比之下，小型傳統當舖一般只憑藉當舖老闆一人的經驗去鑑定物品和估價，面對不同種類的物品，當舖只

越南街頭

能選擇不接受某種典當品或要承擔無法準確估價的風險，這讓小型當舖的生意也越來越萎縮，連鎖當舖卻得以不斷擴張。

連鎖當舖在越南得以迅速發展的原因，除了當舖形象的改變，專業性的提高，也與其社會經濟環境有很大關係。越南有大約 48% 的人口每月人均收入低於 300 美金，低收入的人群自然成為當舖的潛在客戶。另外估計有 70% 的越南民眾都難以從銀行獲得貸款融資，那麼他們必定會選擇方便快捷的當舖。尤其是 2019 新冠病毒疫情期間，許多人失去工作，小商家無法做生意，他們不得不將自己擁有的物品暫時典當換取生活費或生意資金，這段時間令當舖的營業額快速地提高。

越南連鎖當舖的網絡化發展程度也很高。這些當舖都設立了專業的網站，有的網站也包括網上估價服務，流當品網上銷售等。VietMoney 還開發了自己的手機應用程式，並建立了一套管理系統來運用收集的大數據和同步分享各個分店的資料等。他們也擅長使用社交媒體，而且塑造的公司形象都是年輕而有活力的，這對於開發年輕人市場十分重要。由此可見，連鎖當舖將會是越南當押業發展的趨勢，民眾會更傾向於這種借貸方式。對比其他銀行金融業體系發達的國家和地區，越南當舖會在金融借貸市場中持續佔有更重要的份額。

3. 泰國的當押業

據知，泰國最早的當舖是由一名華人移民於1866年開設，因此到現在，泰國不少當舖都是由華人經營的。泰國有專門的法令規管當舖，目前實行的是《1962當舖法》（*Pawnshop Act B.E. 2505*〔*1962*〕）。法令由內政部主導的當舖管理委員會執行，委員會負責控制當舖開設的地點、數量、牌照申請等。在泰國，開設當舖必須申請牌照，申請人需年滿20歲，且需要通過審查，包括不曾破產，沒有犯罪紀錄，沒有曾經被撤銷當舖牌照等等。除了申請人作為法人代表，當舖的其他管理者也必須通過以上審查。法令規定當舖營業者必須提供安全的環境來保存典當品，而當舖不可隨意搬遷店舖地址，事先必須得到委員會批准。泰國規定當舖必須掛有收取利息的告示牌，規定利息如典當金額低於2,000泰銖（約420港幣），每月利息為2%；如典當金額超過2,000泰銖，每月利息為1.25%。如果1個月內，典當期沒有超過15天，應按半個月計算利息，超過15天而未滿1個月，則按1個月利息計算。另外每筆典當金額最高為10萬泰銖（即約2萬港幣）。雖然泰國政府並沒有對開設當舖有資金門欄的要求，但從其法令可以看出對當舖的規管也是十分嚴格的。

法令還規定當舖營業時間只可以在早上8時至晚上6時，只有年滿15歲的人士憑身份證可以進行典當借款，當舖禁止接受僧侶和學徒僧侶典當。在典當時，當舖應記錄典當人的身份證，發出與典當物品對應的當票，如遇到任何懷疑不法典當物品，應立即通知警方。典當期限為4個月，過期沒有贖回，當舖需向典當人發出通知。發出後30日典當人仍然沒有回覆，那麼典當品則流當，歸當舖所有。所以典當人一共有4個月加30日的時間贖回物品。除了典當和銷售流當品，當舖不可從事其他業務。當舖需有記錄賬簿，並每月提交給牌照官，以確保當舖跟隨法令規定經營。政府也可指派觀察員到當舖巡查典當品及當舖內的記錄文件。

除了按上述法令要求設置和營業的私營當舖，泰國還有公營當舖。公營當舖主要是由曼谷都市管理局轄下的BMA當舖。在1960年，當時泰國內政部（Ministry of Interior）為了避免民眾被私營當舖收取過高的利

曼谷唐人街

息，於是成立公營當舖，後來交由曼谷都市管理局（Bangkok Metropolitan Administration）負責管理營運。

泰國政府成立公營當舖，目的在於提供低廉的利息，幫助低收入民眾解決需要現金的燃眉之急。公營當舖收取的利息為：5,000 泰銖（約 1,000 港幣）的典當金額，每月利息為 0.25%，5,001 至 15,000 泰銖的典當金額，每月利息為 1%；如金額超過 15,000 泰銖，首 2,000 泰銖的月利息為 2%，其餘金額的月利息為 1.25%。另外因公營當舖提供較低的利息，有利於穩定典當市場的低息環境，與私營當舖產生制衡，避免私營當舖收取過高的利息。所以泰國的公營當舖主要以服務低收入民眾而設，並非以盈利為目的。

2023 年曼谷共有 21 間 BMA 當舖，除了辦理典當借款，當舖也會公開拍賣流當品，如每個月第二、三、四個星期六，會拍賣黃金、珠寶首飾等物品；其他物品如冰箱、電視機、手錶、電子設備等則會在每月最後一日進行拍賣。

雖然公營當舖提供的利息更低，但對典當品的估價會低於私營當舖，而且公營當舖營業時間較短，只在星期一至五，早上 8 時至下午 4 時營業，因此很多民眾仍然會選擇私營當舖。

泰國的私營當舖，有傳統小型當舖，一般為華人開設，主要位於唐人街，也有連鎖型當舖，其中最大型的是 2005 年開業的 Easy Money，目前在全泰國有 81 間分店。Easy Money 接受各類珠寶金飾、手錶、名牌手袋，電子產品、電器，甚至建築工具如電鑽、壓縮機等作為典當品，其分店設計現代化，服務人員統一制服，並且有各種商品的專業鑑定團隊，這是一般小型當舖無法比擬的。Easy Money 部分分店設有二手名牌流當品銷售，設置如精品店一樣。除了實體店舖，也有自己網站，可以進行網上典當品估價，流當品網上商店，甚至還開發了自己的手機應用程式，注重使用社交媒體宣傳，讓年輕人更傾向選擇這樣的現代化當舖。除了個人客戶，中小企業也是連鎖當舖的客戶。這些中小企往往很難從銀行獲得貸款，因而轉向當舖融資，也讓連鎖當舖得到更快地發展。同樣是連鎖當舖的還有 Pawnshop Number 8，在曼谷有 9 間分店，也有網上商店售賣流當品，提供網上估價服務等。

無論是公營當舖還是私營當舖，泰國當舖接受的典當品（以動產為準）範圍相對較廣。黃金類仍然是最受歡迎的典當品，另外手錶、電子產品也可以用於典當。其他如電器類和工具類的物品，由於體積大，價值越來越低，很多國家早已不再接受這類物品典當，但在泰國仍然是常見的典當品。

在泰國，每年 5 月新學年開學前，當舖的生意最興隆，因為很多家長都需要資金來為小孩交學費、購買書本校服等，便會到當舖典當值錢的物品周轉。出現這種現象大多因為泰國人性格樂觀，少有未雨綢繆的思想，因此銀行儲蓄率不高，所以急需資金的時候往往便要到當舖融資。尤其是在 2019 新冠病毒疫情下，許多民眾失去工作，只能靠典當過去購買的值錢物品籌集生活費，甚至建築工人待業，便先把手上的工具如電鑽等拿去典當，表演者把自己的樂器拿去典當，等到有工作的時候再贖回。泰

泰國全民信佛，人民性格普遍樂觀。

國的公營當舖在這種情況下也降低了典當利息，延長典當期限，以幫助民眾度過難關。

泰國雖然是東南亞中高收入的國家，但泰國人的理財習慣讓當舖在泰國成為較高需求的借款渠道。尤其是在經濟不景氣的時候，無論是公營當舖還是私營當舖都有各自的顧客群體，當押業也得到持續地發展。

4. 菲律賓的當押業

在介紹香港當押業的時候，我們了解到香港當舖其中一個主要顧客群便是外籍傭工，並且以菲律賓工人為主。除了因為當舖是外傭解決現金急需的最方便渠道，也因為他們很習慣於到當舖借款融資。在菲律賓，銀行體系較落後，當舖數量反而比銀行還多，除了典當業務，也從事匯款等其他業務。所以光顧當舖對於菲律賓人來說是十分慣常的行為。

在菲律賓，無論是大城市還是小鎮，街頭總會見到當舖，正式註冊的當舖超過 15,000 間。當舖數量繁多，與菲律賓人的理財習慣及銀行體系狀態密切相關。菲律賓人不愛儲蓄，賺多少，花多少，如果遇到急需現金的情況，那麼就將之前買的值錢物品拿到當舖典當，他們也覺得十分方便。至於選擇當舖而不去銀行，是因為向銀行小額借款不易，不少人根本沒有銀行戶口，沒有賬單地址。而且在菲律賓一些小型城鎮甚至沒有銀行，反而當舖林立。另外當舖的營業時間比銀行長，周末也會營業，有的當舖甚至 24 小時營業。所以菲律賓人需要借款的第一選擇通常都是當舖。

菲律賓總統在 1973 年頒佈了《當舖管理法》（*Pawnshop Regulation Act, Presidential Decree No. 114*），規定由菲律賓中央銀行負責監管當舖及當舖的申請註冊，當舖被政府視為一種金融機構。申請設立當舖要符合相關要求，申請人還必須參加當舖條例講座以及反洗黑錢講座。在最初的法例要求中，成立當舖只需 10 萬披索（約 13,000 港幣）的註冊資本，隨著時代經濟的發展，中央銀行劃分了 4 種類型的當舖，針對不同類型當舖的最低註冊資本要求如下：

- A 類當舖：註冊資本 10 萬披索，不可開設超過 10 間分店。
- B 類當舖：註冊資本 100 萬披索，可以開設超過 10 間分店，可從事外幣找換業務。
- C 類當舖：註冊資本 5,000 萬披索，可有眾多分店，可從事匯款業務。
- D 類當舖：註冊資本 5,000 萬披索，為虛擬當舖，可在線開展業務。

菲律賓的《當舖管理法》雖然對典當利息作出了規定，但只是不可超過其高利貸法（Usury Law）的利息，另外當舖還可收取典當金額的 1%（最多 5 披索，即約 0.68 港幣）作為服務費。菲律賓當舖一般收取的月利息在 3% 至 4%，比其他東南亞國家高。另外典當期限為 90 天，法例還規定當舖給予的典當金額不可低於典當物品市值的 30%。但這樣的規定反而導致菲律賓當舖的典當估價低，一般低於物品市值的 50%。客戶沒有能力贖回物品，當舖即可出售典當品，從中賺取更多的差價。當舖接收的物品以首飾和手機為主，手提電腦、手錶、數碼相機等也是常典當的物品。因為這些物品如沒被贖回，比較容易轉手出售。

除了典當和銷售二手物品的業務，一些連鎖式的當舖由於全國都有不少分店，也經營匯款業務。匯款手續費從匯款金的 5% 起，這也是當舖的主要收益來源。這些大型當舖可提供而類似銀行的服務還有外幣找換、小額保險、賬單繳費等，也讓菲律賓人更習慣使用當舖的服務，而不是去銀行。

Cebuana Lhuillier 是菲律賓最大的連鎖當舖，除了典當業務，也有匯款、小額保險和小額儲蓄業務，可謂綜合性的微型金融服務提供商，在全國有 2,500 間分店。由於 Cebuana Lhuillier 實力雄厚，可以提供比其他典當行高 30% 的估價，其接受典當的物品包括黃金、珠寶、手錶、手機及手提電腦等。Cebuana Lhuillier 也提供網上典當服務，客戶可通過網絡完成估價申請，審查完成後，客戶附近分行的估價師便會前往客戶家中評估

菲律賓的 RD Pawnshop

將要典當的物品，協商價值並直接發放貸款，客戶完全不需要親自前往當舖。其他網上服務還包括能夠在線支付典當服務利息費用以及贖回典當物品。Cebuana Lhuillier 收取的月利息為 4%，另外還有最多 5 披索的服務費，典當期為至少 90 天和最長 4 個月。如果第一次當期完結後要續當，收取的月利息則為 6% 服務費，可見當期越長，利息越高。

除了 Cebuana Lhuillier，菲律賓還有 Palawan Pawnshop、Villarica Pawnshop、M Lhuillier、Tambunting Pawnshop、RD Pawnshop 這幾間分店數量超過 1,000 間的大型連鎖當舖。再加上其他小型連鎖當舖和普通單一當舖，當舖經濟佔據了整個菲律賓的金融市場很大的份額。由於菲律賓智能手機普及率十分高，近年還興起了沒有實體店的網絡當舖，以科技來發展當押業。如 PawnHero，是菲律賓也是東南亞的第一間網絡當舖，提供線上估價、典當、贖回、續當，客戶完全不需要親自前往實體當舖即可完成所有程序。沒有實體店舖的成本，PawnHero 可以提供低於一般當舖的利息，而且接受更多種類的典當品，增加其競爭力。

雖然菲律賓的當舖比其他東南亞國家的利息都高，物品估價也特別低，但卻在菲律賓的經濟中扮演著較重要的角色，甚至超過了銀行。除非菲律賓人的理財習慣發生改變，否則當舖將持續成為菲律賓人最重要的融資渠道，當押業也會繼續欣欣向榮。

與此同時，隨著當押業不斷擴大產品和服務範圍，菲律賓中央銀行也計劃提高當舖的管治框架標準，要求當舖及時提交有關經營和管理、財務狀況等必要信息。這有助於菲律賓央行對當舖進行有效監管，同時提高當舖經營者管理層進行業務決策的能力。

5. 緬甸的當押業

緬甸作為東南亞經濟較落後的國家，當舖主要服務低收入人群。除了仰光商業區的一些當舖只接受黃金、珠寶和玉石作為典當，大部分當舖還接受單車、縫紉機、不鏽鋼飯盒、電風扇和熨斗等物品。仰光以外的其他城市的當舖甚至還接受服裝作為典當。對比較發達的國家或地區，這些典當物品已經是七八十年代才會出現的。由此也可見緬甸的經濟發展程度仍然較低，低收入人群仍然佔大多數。

緬甸當舖的當期一般是4個月，如果貸款無法在當期內償還，典當物品則歸當舖所有。當舖收取的月利息也很高，如果典當衣物，可以高達10%。如果是黃金或珠寶首飾，則為3%。雖然當舖的利息高，但緬甸的大部分民眾如需短期小額融資，都會選擇當舖，因為緬甸的金融系統不發達，銀行一般只提供較大額的貸款，而且幾乎只服務於中產階級和精英階層。在加上緬甸的長期政治環境不穩定，民眾對於銀行的信任度較低，一般不會使用銀行的服務。

在仰光地區開設正式的當舖需要得到仰光市發展委員會發出的牌照。牌照費根據人口密度以及當舖是在仰光內部還是外部而有所不同。有的地區的牌照費為每年400萬緬甸元（大約1萬5,000港幣），有的地區可超過1,000萬緬甸元（大約3萬7,000港幣）。一般來說，郊區當舖的牌照費高於仰光市中心，因為這些當舖可以典當衣物，收取較高的利息。在2016年，仰光地區獲得正式牌照的當舖有250多間。除了獲得正式牌照的當舖，緬甸還有很多非正式的當舖以滿足當地貧困民眾的典當需求，這些當舖收取的利息更高。但由於緬甸經濟發展較落後，貧困人口眾多，很多家庭都不得不借款應付日常開支，也讓當押業在緬甸可以持續發展。

緬甸的當舖

6. 柬埔寨的當押業

當舖在柬埔寨由財經部監管，在 2018 年全國已有超過 500 間當舖。根據財經部的規定，要獲得當舖牌照必須要有至少 2 億柬埔寨幣（約 38 萬港幣）的資本，其中的 10% 要存到財經部。同時，每年要支付 250 美元的牌照續期費。另外典當月利息方面財經部規定為不超過 5%，典當期為 4 個月，註冊當舖必須每月向當局報告一次典當交易的詳情。雖然有政府一定的監管，但只屬於行政層面，柬埔寨並沒有正式針對當舖業的法例，也導致當地產生很多無牌當舖。這些無牌當舖接受任何人典當，甚至連賊贓物品也可以典當，成為銷贓場所，令當地盜竊問題也更嚴重。這些非法當舖嚴重影響了當押業的名聲和正式當舖的經營。雖然政府在 2016 年再次發佈行政命令，要求所有當舖必須符合當舖牌照登記規則，不過非法當舖仍然存在，有的還與非法賭博相關，政府也不時出動打擊這類當舖。柬埔寨本地人因此一般對當舖都持負面態度。但普通人一般難以從銀行快速獲得貸款，有時不得不去當舖借款，但他們通常會擔心典當物品被當舖拿走而無法贖回。不過隨著正式合法的當舖越來越多，典當借款也逐漸成為當地人快速小額融資的主要渠道。

柬埔寨大型的連鎖當舖有 Cash-U-Up，在全國有 18 間分店。Cash-U-Up 源自於新加坡的當舖，在 2010 年和柬埔寨投資者共同成立，開始在柬埔寨開展業務，是該國第四間正式得到政府註冊許可的當舖。Cash-U-Up 提供黃金珠寶、汽車、電單車以及土地房產等物品的典當服務。對於珠寶，Cash-U-Up 會提供市價大約 70% 至 85% 的典當金額，對於汽車或摩托車，則提供 60% 至 65% 的市價金額。面對來自非法當舖的競爭，Cash-U-Up 的優勢在於可以低利率和安全保障。一般典當月利息大約 2% 至 3%，非法當舖則會要求更高的利息。而且 Cash-U-Up 也對典當品的存放有所有保障。另外在店舖的設計方面也更現代化、銀行化，因此除了一般民眾，也吸引了當地的中小企業客戶。

目前柬埔寨的合法當舖大約 90% 都集中在首都金邊，其他地區還有很大發展空間。另外政府也表明有意為當押業進行明確地立法，打擊非法當舖，因此柬埔寨的合法當舖將會得到進一步發展。

7. 印尼的當押業

印尼的當押業在荷蘭殖民時期已經出現，當時是由殖民政府壟斷經營。第二次世界大戰後，這些當舖由印尼共和國政府接受，繼續成為公營當舖。2012 年，政府將公營當舖轉型為有限公司 PT Pegadaian，目前是印尼最大的典當公司，且是印尼當押業的合法經營實體。政府認為普通民眾需要當舖，公營當舖的目的是防止有需要的窮人落入高利貸手中，被收取高額的利息。在 2016 年以前，印尼只有公營當舖才是合法當舖，但隨著

斯拉瑪塔當（Selamat Datang）歡迎紀念碑，位於雅加達印尼酒店右側。

典當需求逐漸增加，政府也開始允許合法的私營當舖，但數量很少。2022年，印尼全國大約有數千間當舖，幾乎每個地方都有私營當舖，但大部分私營當舖卻沒有在政府註冊，無法受到法律監管，典當客人的利益無法得到保障。這些非正式的當舖可以為客人提供很高的當價，當然收取的利息也很高，還款方式也不同，在沒有監管下被認為是新式的高利貸。

印尼政府並沒有對私營當舖規定正式的典當利息及期限。以公營當舖 PT Pegadaian 為例，其收取的利息為一年 18% 至 27%，典當期限最長為 4 個月。如果客戶在該期限內未贖回典當品，典當品則會被拍賣。如果客人在 4 個月內支付利息，則可以延長典當期限，利息為每 15 天 1% 至 1.2%。私營當舖的利率則高很多，最長當期也只有 1 個月，如果從典當日起不到 15 天贖回，則利息為 5%；如果之後贖回至 30 天內贖回，將收取 10% 的利息。雖然私營當舖也可以選擇在歸還利息後延期 1 個月，但需要額外收取 10% 的費用。私營當舖通常接受的典當物品是電視、筆記本電腦、手機和數碼相機等電子設備以及汽車和電單車。

在當舖網絡化發展方面，公營當舖 PT Pegadaian 計劃與多間金融科技公司合作，以創建在線網絡融資解決方案，擴大其典當業務的營運。PT Pegadaian 發現，減少了部分實體店面，轉用網絡取代原有營運模式，可使公司的效率進一步提高。

雖然印尼當押業有很長的歷史，但民眾使用頻率並不高。根據 2018 年印尼金融管理局的調查，只有 15% 的印尼人知道典當業務，而且只有 5% 的人使用過。且印尼最具有規模的當押商只有公營當舖一間公司，合法私營當舖佔據很少的市場份額。要得到全面發展，印尼還必須要有完整法律監管當舖，方便私營典當商開展業務，以及合法地經營。

8. 老撾的當押業

在老撾開設當舖需要根據相關當舖法令取得牌照才可營業，申請者必須符合一定要求，如有金融、銀行、會計等相關工作經驗的員工，申請者本身未曾因盜竊、詐騙等金融、銀行等刑事犯罪被定罪，有良好的財務狀況和詳細的資金來源投資當舖業務等。申請者必須在工商部門完成企業登記，然後向老撾人民銀行提交企業登記證，最後由老撾人民銀行發出經營許可證，並由銀行的金融部監管。當舖的牌照費用為 50 萬老撾幣（大約

200 多港幣），申請手續費則為註冊資本的 0.5%。

老撾的普通當舖不多，一般大型當舖只接受電單車、汽車典當借款，形式更像抵押貸款公司。典當對象有普通民眾，也有中小企業，可典當的金額通常不超過市價的三分之一，3 個月當期的月利息大約為 3%。典當期限也可以延遲至以年計算。當客戶無法按時贖回物品，或繳交利息延期，典當品則歸當舖所有。由於這些當舖一開始對物品的借款額低於市價，流當後作為二手商品銷售仍然能有較高的利潤，並成為當舖的主要收入來源，超過利息收入。老撾的銀行通常只向大型企業貸款，金額最低過百萬美金。所以一般短期小額借款，老撾人就會選擇這些可當電單車、汽車的當舖。

老撾的經濟水平雖然較低，人民收入普遍不高，但物價低，又因是社會主義國家有很多政府補貼，因而人民的經濟壓力並不大，對物質生活的要求也不高，從而對當押的需求自然不高，所以老撾的當押業並不像其他東南亞國家那樣普遍，也會主要向針對中小企業借款來發展。

9. 文萊的當押業

文萊有專門的當押法令，根據法令，任何人開設當舖都需要領取牌照，且開設的分店都需要領取單獨的當舖牌照。當舖必須詳細記錄每筆典當交易，包括典當物品、金額、當期、典當人資料等，也需要詳細記錄流當品及流當品銷售資料。

法令還規定每筆典當交易不可超過 500 文萊元（約 2,800 港幣），當期 6 個月。逾期未有贖回的典當品，如金額不超過 100 文萊元（約 560 港幣），直接歸當舖所有；如金額超過 100 文萊元的典當品則需要公開拍賣，在拍賣前結束前典當人仍然可以贖回該物品。如公開拍賣的典當品扣除典當金額和當舖應收的利息後仍有餘額，典當人可申請取回相關餘額。這與馬來西亞典當法例的規定一樣，因此文萊當舖的主要盈利也是來自利息收入。針對利息則有如下規定：

- 典當金額不超過 1 文萊元，月利息 1.5%；
- 典當金額 1 至 10 文萊元，月利息 3.5%；
- 典當金額 10 至 50 文萊元，月利息 2.5%；
- 典當金額超過 50 文萊元，月利息 2%。

文萊的當舖也受到警察部門的監管。當舖遇到有懷疑物品的時候應通知警方，警方亦會及時通知當舖失竊物品資料以便當舖留意有可疑的典當。獲授權的警務人員可進入當舖進行不定期巡查。

參考
文獻

香港

1. 港九押業商會有限公司，網址：http://www.pawn.com.hk/。
2. 舊大同的典當行，每日頭條，2017 年 1 月 18 日，網址：https://kknews.cc/history/jvgjz96.html。
3. 徐振邦以及一群 80 後本土青年寫作人：《我哋當舖好有情》，香港：突破出版社，2015 年。
4. 徐振邦：《香港當舖遊蹤》（增訂版），香港：三聯書店（香港）有限公司，2023 年。
5. 嚴瑞源：《新界宗族文化之旅》，香港：萬里機構有限公司，2005 年。
6. 〈一鋪藏天下　古今在尋路：香港當舖的前世今生〉，《大公報》，2019 年 8 月 6 日，網址：http://www.takungpao.com.hk/travel/csgs/2019/0806/331769.html。
7. 香港法例第 166 章《當押商條例》，網址：https://www.elegislation.gov.hk/results?SEARCH_OPTION=T&keyword.CHAPTER_TITLE=%E7%95%B6%E6%8A%BC%E5%95%86&keyword.SEARCH_MODE=L。
8. 香港法例第 166A 章《當押商規例》，網址：https://www.elegislation.gov.hk/hk/cap166A!zh-Hant-HK@2020-07-09T00:00:00。
9. 劉秋根：《中國典當制度史》，上海：上海古籍出版社，1995 年。

10. 【清】阮元：《廣東通志》。
11. 【漢】劉歆：《西京雜記》。
12. 【漢】范曄：《後漢書．劉虞傳》。
13. 【後晉】張昭、賈緯等：《舊唐書．卷一二．德宗本紀上》。
14. 【唐】李肇：《唐國史補》。
15. 【明】馮夢龍：《醒世恆言．鄭節使立功神臂弓》。
16. 葉聖陶：〈窮愁〉，《禮拜六》周刊，1914 年 7 月 18 日。
17. 文樂邦、郭婉藍、張嘉樂、楊小瑩、林焯豪、王慧儀、陸佩君：〈從戰後當舖的發展看香港的經濟民生〉，網址：https://web.archive.org/web/20101214170539/http://www.lcsd.gov.hk/CE/Museum/History/download/study_project_group3.pdf。
18. 聖保羅書院：〈從當舖的發展看香港社會經濟的變遷〉，網址：https://www.lcsd.gov.hk/CE/Museum/History/documents/54401/54616/Sen_02_full.pdf。
19. 梁炳華主編：《香港中西區地方掌故》，香港：中西區區議會，2003 年。
20. 刑健：《香港特色》，香港：香港中國新聞出版社，2006 年。
21. 勞佩欣：〈【當舖傳奇】財仔、稅貸左右夾擊　典當業一哥拆解「打不死」3 招〉，HK01，2016 年 12 月 13 日。
22. 〈百業打殘　搵工艱難　後生仔爭食二手飯〉，《東方日報》，2022 年 3 月 27 日。
23. 荷李活道舊當押舖，香港記憶，網址：https://www.hkmemory.hk/MHK/collections/kong_kai_ming/All_Items/Images/201106/t20110614_38709_cht.html。
24. 2023 年 2 月 15 日的立法會會議「完善外籍家庭傭工政策」議案（立法會 CB〔3〕274/2023〔01〕號文件），網址：https://www.legco.gov.hk/yr2023/chinese/counmtg/motion/cm20230215m-nmy-prpt-c.pdf。
25. An Ordinance for the Prevention of Offences touching Securities, Sales, and

Deposits. https://oelawhk.lib.hku.hk/archive/files/11ede9726b2afddeb554e4e3ac014312.pdf.

26. Pawnbrokers Ordinance, Ordinance No. 3 of 1860, 16 April 1860. https://oelawhk.lib.hku.hk/items/show/143.
27. Pawnbrokers Ordinance, Ordinance No. 16 of 1930, 17 October 1930. https://oelawhk.lib.hku.hk/items/show/1620.

澳門

1. 〈典、當、押〉，《AM730》，2011 年 6 月 14 日。
2. 黎東敏：〈浴火新生的澳門當舖〉，《澳門雜誌》，2011 年，總第 79 期。
3. 黎東敏：〈當舖的人與物大變臉〉，《澳門雜誌》，2011 年，總第 79 期。
4. 〈賭業衰退　周邊行業如何自救？〉，論盡，2015 年 7 月 3 日，每周專題。
5. 高菲：〈澳門典當業及其立法：傳統、現狀與改革〉，《澳門研究》，2016 年第 4 期。
6. 楊肇遇：《中國典當業》，台北：台灣商務印書館有限公司，1973 年。
7. 趙利峰：《樂善好施：高可寧與德成按》，澳門：澳門特別行政區政府文化局，2020 年。
8. 曲彥斌：《典當史》，台北：華成圖書出版股份有限公司，2004 年。
9. 勞加裕：〈走進德成按〉，程祥徽主編：《澳門憶記》，澳門：澳門文化資源協會，2016 年。
10. 文彤：〈產業融合背景下城市旅遊關聯產業發展研究：以澳門典當業為例〉，《中國名城》，2016 年第 7 期。
11. 陳東林：〈世界上最興旺的當舖業〉，《中國經濟導刊》，1999 年第 14 期。

12. 澳門典當業，網址：https://www.macaudata.com/macaubook/book108/html/002301.htm。
13. 〈高息吸金轉投澳門賭廳，「疊碼當舖」掀起集資爆雷潮〉，頭條匯，網址：https://min.news/zh-hk/economy/60e601228749b65fbd495d2a9acce9e2.html。
14. 〈非法集資連環「爆煲」政府要修法，市民要帶眼識〉，澳門力報，網址：https://www.exmoo.com/article/11178.html。
15. 〈內地漢涉假金鏈連騙 7 當舖逾 20 萬元〉，澳門電訊有限公司，網址：https://www.cyberctm.com/zh_TW/news/detail/2326083#.YcGUSWhByUk。
16. 【濠博行情】霓虹褪色，網址：https://www.youtube.com/watch?v=9ZqH92S1x_g。
17. 〈江湖救急？找二叔公〉，故城・回憶，網址：https://memorymacau.blogspot.com/2015/06/blog-post.html。
18. 〈廿五歲打理四當舖　再攻零售〉，網址：http://www.job853.com/MacauNews/news_list_show_macao.aspx?type=3&id=77022&y=0&m=0&d=0。
19. 百順押，網址：https://www.facebook.com/108767667333341/。
20. 隨時代變遷，網址：http://www.bizintelligenceonline.com/content/view/1429/lang,/。
21. 澳門當押業總商會，網址：http://www.macaupawnbrokers.com/index.asp。

中國內地

1. 劉叢：〈典當，古老行業的困局與新生〉，《現代商業銀行》，2019 年第 13 期，頁 63-70。

2. 楊修志、黃先締：〈淺析我國近代錢莊的文化標籤〉，《漢字文化》，2019 年第 8 期。
3. 宋賀：〈我國商業銀行信貸文化建設路徑探究〉，《長春金融高等專科學校學報》，2019 年第 6 期。
4. 史尚寬：《債法各論》，北京：中國政法大學出版社，2000 年。
5. 郭明瑞、王軼：《合同法新論．分則》，北京：中國政法大學出版社，1998 年。
6. 曹傑：《中國民法物權論》，北京：中國方正出版社，2004 年。
7. 劉志敭：《民法物權編》，北京：中國政法大學出版社，2006 年。
8. 謝在全：《民法物權論》，北京：中國政法大學出版社，1999 年。
9. 馬新彥：〈典權制度弊端的法理思考〉，《法制與社會發展》，1998 年第 1 期。
10. 汪其昌：《發現內生於人性和金融本質的法律規則：司法審判視角》，北京：中國金融出版社，2016 年。
11. 夏斌、陳道富：《中國金融戰略 2020》，北京：人民出版社，2011 年。
12. 黃達主編：《金融學》，北京：中國人民大學出版社，2013 年。
13. 陸岷峰、虞鵬飛：〈互聯網金融背景下商業銀行「大數據」戰略研究：基於互聯網金融在商業銀行轉型升級中的運用〉，《經濟與管理》，2015 年第 3 期，頁 31-38。
14. 王俊華：〈淺談大數據時代銀行業的應對策略〉，《經濟研究導刊》，2014 年第 5 期，頁 123-124。
15. 郭建國、焦金梅：〈政府約束與典當籌資〉，《經濟研究導刊》，2016 年第 2 期，頁 167-168。
16. 郭姬麗：〈其當行與網貸平台合作模式的法律規制〉，《理論月刊》，2016 年 8 月。
17. 洛建成：〈2017 年中國經濟訪談〉，《國家行政學院學報》，2017 年第

1 期。

18. 經濟藍皮書：〈2017 年中國經濟形勢分析與預測〉，《經濟研究》，2016 年第 12 期。
19. 陳文玲：〈2016 年世界經濟形勢分析及 2017 年預期和建議〉，《中國流通經濟》，2016 年第 12 期。
20. 程偉力：〈2016 年世界經濟形勢分析與 2017 年展望〉，《發展研究》，2017 年第 1 期。
21. 中國銀行國際金融研究所全球經濟金融研究課題組：〈全球治理新格局下的增長突破：中國銀行全球經濟金融展望報告（2017 年度）〉，《國際金藏》，2016 年第 12 期。
22. 田國立：〈建立全球治理新格局〉，《國際金觸研究》，2017 年第 1 期。
22. 財政部金融司編：《〈金融企業財務規則〉解讀》，北京：經濟科學出版社，2007 年。
23. 中華人民共和國財政部：《典當企業執行（企業會計準則）若干銜接規定》，2009 年。
24. 全國典當從業資格認證輔導教材編委會：《典當基礎理論與基本業務技能》，2007 年。
25. 中華人民共和國商務部：《典當管理辦法》。
26. 宓公幹：《典當論》，上海：商務印書館，1936 年。
27. 中國聯合準備銀行調查室：《北京典當業之概況》，北京：中國聯合準備銀行，1940 年。
28. 曲彥斌：《中國典當史》，上海：上海文藝出版社，1993 年。
29. 陳開欣主編：《典當知識入門》，北京：中國政法大學出版社，1993 年。
28. 李沙：《當舖》，北京：中國經濟出版社，1993 年。
29. 陳益民：《典當與拍賣》，昆明：雲南人民出版社，1993 年。
30. 陳開欣主編：《典當與拍賣知識入門》，上海：上海社會科學院出版社，1993 年。

31. 胡立君等主編：《死錢變活術：典當與拍賣》，北京：企業管理出版社，1994 年。
32. 劉秋根：《中國典當制度史》，上海：上海古籍出版社，1995 年。
33. 常夢渠、錢椿濤主編：《近代中國典當業》，北京：中國文史出版社，1996 年。
34. 曲彥斌主編：《典當研究文獻選匯：中國典當手冊》，瀋陽：遼寧人民出版社，1998 年。

台灣

1. 〈典、當、押〉，《AM730》，2011 年 6 月 14 日。
2. 黃耀鏻：〈自由中國又一種新工業，製機器腳踏車〉，《聯合報》，1956 年 7 月 7 日，第 4 版。
3. 洪士峰：〈國家與典當：戰後台灣公營當舖的發展系譜〉，《思與言》，2019 年，第 57 卷第 1 期，頁 1-53。
4. 伍逸名：〈我國當舖業之經營管理形態〉，《警察行政管理學報》，2011 年第 7 期，頁 97-118。
5. 洪士峰：〈合法、合理化非法與非法：1945-2010 年間台灣典當交易的發展系譜〉，《台灣社會學刊》，2013 年第 52 期，頁 79-130。
6. 吳佩玲：〈營業質與汽車融資法律關係之研究〉，中國文化大學法律學研究所碩士論文，鄭冠宇教授指導，2008 年。
7. 洪士峰：〈以物為信：台灣質當品的歷史變遷及其社會意涵，1945-2010〉，《庶民文化研究》，2012 年第 6 期，頁 30-75。
8. 熊毅晰：〈老當舖變精品店〉，《天下雜誌》，2011 年第 443 期。
9. 陳建霖：〈傳統典當業，轉型新契機－當舖不再只是當舖〉，《能力雜誌》，2013 年。

10. 楊肇遇：《中國典當業》，台北：台灣商務印書館有限公司，1973 年。
11. 林麗雪：〈最古老的金融業：當舖〉，台灣光華雜誌，1987 年 9 月。
12. 陳慧瑩：〈公營當舖：附贈「職介」的質借處〉，台灣光華雜誌，2009 年 4 月。
13. 陳慧瑩：〈金融風暴中的當舖傳奇〉，台灣光華雜誌，2009 年 4 月。
14. 台北市動產質借處，網址：https://op.gov.taipei/。
15. 高雄市政府財政局動產質借所，網址：http://mps.kcg.gov.tw/index.php。
16. 當舖業法，網址：https://law.moj.gov.tw/LawClass/LawAll.aspx？pcode=D0080075。
17. 現金急救站　老業翻新第 1 名　當舖變血拼店，網址：https://tw.appledaily.com/finance/20070311/T32Z4OVR27O3N5XKLYMOS7T2SQ/。
18. 久大御典品，網址：https://jdpawn.com.tw/luxury/About/index。
19. 典精品當舖，網址：https://www.104.com.tw/company/5bg46vc。
20. 秦嗣林：鑑價關鍵，在人不在物，網址：https://www.parenting.com.tw/article/5063503。
21. 當舖業務很閒？當舖學徒像小弟？資深當舖業務告訴你關於當舖的事！網址：https://www.yunke.com.tw/work-in-pawn-shop/。
22. 我可以開當舖嗎？當舖怎麼營利的？網址：https://www.fbpawn.com.tw/blog/detail/34。

新加坡

1. 鄭明杉：〈珠寶業扎根典當業開花〉，聯合早報，2020 年。
2. 李鐏龍：〈新加坡人瘋當舖〉，工商時報，2013 年 11 月 17 日。
3. 林煇智：〈當舖　夕陽業再發光〉，聯合晚報，2017 年。
4. 潘靖穎：〈本地當舖罕見現象　贖回首次超越典當〉，新明日報，

2021 年 3 月 12 日。

5. 孫慧紋、陳映蓁：〈典當業　傳承創新雙劍合璧〉，聯合早報，2021 年 10 月 3 日。
6. 何謙訓：《新加坡典當業縱橫談》，新加坡：新加坡茶陽（大埔）會館、新加坡當商公會，2005 年。
7. Selina Ching Chan, Socio-Economic Significance of the Pawnbroking Business in Singapore, *Asian Journal of Social Science*, 2001, 29(3), 551-565.
8. Pawnbroking in Singapore, by Chia, Joshua Yeong Jia, National Library Board, 2016: eresources.nlb.gov.sg/infopedia/articles/SIP_1138_2008-12-01.html.
9. Maxi-Cash 大興當，網址：https://maxi-cash.com/。
10. MoneyMax 銀豐當，網址：https://shop.moneymax.com.sg/。
11. Alevin Chan, What Pawnbrokers Are, and when to Use Them to Get Cash, 2020: www.singsaver.com.sg/blog/about-pawnbrokers-singapore.
12. 〈新加坡典當業的發展〉，典當快報，2020 年 7 月 12 日，網址：www.duipu.com/1089。
13. 〈老牌當舖砸金 7 萬元　設 2「續當機」〉，網址：www.sgsme.sg/cn/sme-interview/story20191125-21238。
14. 新加坡統計局，網址：https://tablebuilder.singstat.gov.sg/table/TS/M700101。
15. 新加坡當商註冊局，網址：https://rop.mlaw.gov.sg/。
16. 新加坡當商公會，網址：https://www.singpawn.org/zh/。
17. 新加坡《2015 典當商法》（*Pawnbrokers Act 2015*），網址：https://sso.agc.gov.sg/Act/PA2015？WholeDoc=1#Sc2-。

東盟國家

1. Michael T. Skully, “The Development of the Pawnshop Industry in East Asia”, *Financial Landscapes Reconstructed*, 1994, 357-374.
2. Aris Machmud; Suparji; Sardjana Orba Manullang; Cita Citrawinda Nurhadi, “Legal Reform in Indonesian Pawnshop”, *The Seybold Report Journal*, 2022.
3. 林德成：〈當舖看盡人生百態〉，星洲網，2020 年 7 月 23 日，網址：https://www.sinchew.com.my/?p=2969484。
4. 林德成：〈當盡天下物？如今唯有金銀最保險〉，星洲網，2020 年 7 月 23 日，網址：https://www.sinchew.com.my/?p=2969486。
5. 〈房地部控制當舖數量．營業額過千萬才發執照〉，光明日報，2011 年 10 月 23 日，網址：https://guangming.com.my/%E6%88%BF%E5%9C%B0%E9%83%A8%E6%8E%A7%E5%88%B6%E7%95%B6%E9%8B%AA%E6%95%B8%E9%87%8F%E2%80%A7%E7%87%9F%E6%A5%AD%E9%A1%8D%E9%81%8E%E5%8D%83%E8%90%AC%E6%89%8D%E7%99%BC%E5%9F%B7%E7%85%A7。
6. 〈傳統當舖業績降 5 成　伊當舖殺出逆境生意火爆〉，透視大馬，2021 年 6 月 3 日，網址：https://www.themalaysianinsight.com/chinese/s/319034。
7. 〈大馬行管令首輪解禁　當舖大排長龍〉，詩華日報，2020 年 5 月 11 日，網址：https://news.seehua.com/?p=557000。
8. 【財今烤問】烤問 Pappajack 大馬當舖第一股　為金融邊緣人尋找資金，2022 年 5 月 10 日，網址：https://www.youtube.com/watch?v=0IWAnEFi8bY。
9. 淺談 IPO 股：大馬首家上市的典當行 PappaJack | 了解典當業務，2022 年 3 月 17 日，網址：https://www.youtube.com/watch?v=jQZ1lE9srfs。

10. F88 boosts pawnbroker chain service in Vietnam, TheLeader, 2018-06-29: https://e.theleader.vn/f88-boosts-pawnbroker-chain-service-in-vietnam-20180628000005762.htm.
11. 越南財經新聞，網址：https://vneconnews.com/。
12. VietMoney changing the pawn industry stereotype with technology, VnEconomy, 2022-06-20: https://en.vneconomy.vn/vietmoney-changing-the-pawn-industry-stereotype-with-technology.htm.
13. Conditions for establishing a pawnshop business in Vietnam, 2022: https://lsxlawfirm.com/conditions-for-establishing-a-pawnshop-business-in-vietnam/.
14. Boss Pawns His Stuff to Pay Staff, Now He Has 300 Pawnshops in Vietnam, TheSmartLocal, 2021-04-15: https://thesmartlocal.com/vietnam/f88-pawnshops/.
15. The Pawn Market Ascends the Throne due to Pandemic Hardships, Viet Nam News, 2021-12-14: https://vietnamnews.vn/brand-info/1106320/the-pawn-market-ascends-the-throne-due-to-pandemic-hardships.html.
16. Dat Nguyen, Pawn Shop Chains Raise Big Bucks to Expand, VnExpress, 2021-02-26: https://e.vnexpress.net/news/business/industries/pawn-shop-chains-raise-big-bucks-to-expand-4240244.html.
17. Pawn Shop BMA's: http://www.pawnshop.bangkok.go.th/eng/historye.html.
18. Pawnshop Act B.E.2505 (1962), Thailand: http://report.dopa.go.th/laws/document/2/233.pdf.
19. Pawnshop Number 8: https://www.pawnsh8p.com/.
20. Easy Money Taps Growing SME Base, Bangkok Post, 2014-09-25: https://www.bangkokpost.com/business/434123/easy-money-taps-growing-sme-base.
21. 〈泰國當舖生意開學前最興隆〉，中央通訊社，2017 年 5 月 4 日，網址：https://www.cna.com.tw/news/firstnews/201705040112.aspx。
22. Initiative Helps Reclaim Pawned Tools, Bangkok Post, 2020-05-13: https://

www.bangkokpost.com/thailand/general/1916948/initiative-helps-reclaim-pawned-tools.

23. Bangkok City Hall Halves Market Rents, Cuts Pawn Shop Interest Rates, Thai PBS World, 2022-06-25: https://www.thaipbsworld.com/bangkok-city-hall-halves-market-rents-cuts-pawn-shop-interest-rates/.
24. 〈「影子經濟」撐起全民生活　菲律賓當舖比銀行還要多！〉，三立新聞，2014 年 5 月 5 日，網址：https://www.setn.com/news.aspx?newsid=22193。
25. 勞佩欣：〈【當舖傳奇】本港外籍工人愛典當　菲律賓當舖巴閉過銀行〉，香港 01，2016 年 12 月 13 日，網址：https://www.hk01.com/article/59631?utm_source=01articlecopy&utm_medium=referral。
26. https://www.philstar.com/business/2022/08/08/2201000/bsp-tighten-regulation-pawnshops.
27. What is a pawnshop?: https://upfinance.com/company-category/pawnshops/.
28. Central bank of the Philippines: https://www.bsp.gov.ph/SitePages/Default.aspx.
29. Why So Many Pawn Shops In The Philippines?: https://theawesomephilippines.com/why-are-there-so-many-pawn-shops-in-the-philippines/.
30. Gadgets, Jewelry, and Designer Items? Here are Pawnshops in the Philippines to Pawn Them: https://www.moneymax.ph/personal-finance/articles/pawnshops-philippines.
31. Why do many go to pawnshops more than banks?: https://business.inquirer.net/96065/why-do-many-go-to-pawnshops-more-than-banks.
32. 當舖和 ATM 一樣常見　菲律賓當舖經濟這麼玩，網址：https://dq.yam.com/post/6846。
33. Pawnshop Regulation Act (Philippines): http://legacy.senate.gov.ph/lisdata/52874664!.pdf.

34. Sangla in the Philippines: What You Must Know Before Pawning Valuables: https://www.moneymax.ph/loans/articles/sangla-pawn-loan.

35. Fast cash for the poor, 2016: https://www.frontiermyanmar.net/en/fast-cash-for-the-poor/.

36. 陸積明：〈柬埔寨利息上限政策　帶旺典當業〉，柬中時報，2021 年 5 月 25 日，網址：https://cc-times.com/posts/14031。

37. 柬埔寨典當業秩序混亂　非法當舖數量迅速增多，網址：https://hongxin073608877.com/2018/03/25/%E6%9F%AC%E5%9F%94%E5%AF%A8%E5%85%B8%E7%95%B6%E6%A5%AD%E7%A7%A9%E5%BA%8F%E6%B7%B7%E4%BA%82%E9%9D%9E%E6%B3%95%E7%95%B6%E8%88%96%E6%95%B8%E9%87%8F%E8%BF%85%E9%80%9F%E5%A2%9E%E5%A4%9A/。

38. 〈金邊堆谷區 54 家當舖被查〉，柬華日報，2022 年 10 月 7 日，網址：https://jianhuadaily.com/20221007/176927。

39. Business Focus: Licensed pawn shop starts to thrive, The Phnom Penh Post, 2011: https://www.phnompenhpost.com/business/business-focus-licensed-pawn-shop-starts-thrive.

40. Pawn shop rise proves a quick fix, The Phnom Penh Post, 2014: https://www.phnompenhpost.com/business/pawn-shop-rise-proves-quick-fix.

41. Cash-U-Up Pawn sells franchises, The Phnom Penh Post, 2018: https://www.phnompenhpost.com/business/cash-u-pawn-sells-franchises.

42. Pawnshop legislation discussed, The Phnom Penh Post, 2009: https://www.phnompenhpost.com/business/pawnshop-legislation-%E2%80%8Bdiscussed.

43. Economy in brief: Pawnshop holds literacy fairs in 19 cities, 2018: https://www.thejakartapost.com/news/2018/04/03/economy-brief-pawnshop-holds-literacy-fairs-19-cities.html.

44. License to Operate a Pawnshop Business: http://www.bned.moic.gov.la/en/

formalities/148.

45. 老撾最大的當舖　合法的抵押貸款公司，2021 年 8 月 16 日，網址：www.youtube.com/watch?v=hKMr68EJAME。

46. Laws Of Brunei Chapter 63 Pawnbrokers: https://www.agc.gov.bn/AGC%20 Images/LOB/pdf/Chp.63.pdf.

策劃編輯　梁偉基
責任編輯　許正旺
書籍設計　陳朗思

書　　名　華人社區當押業與公司管治
著　　者　陳冠雄　林振聘　巫麗蘭　黃慧儀
出　　版　三聯書店（香港）有限公司
　　　　　香港北角英皇道四九九號北角工業大廈二十樓
香港發行　香港聯合書刊物流有限公司
　　　　　香港新界荃灣德士古道二二〇至二四八號十六樓
印　　刷　寶華數碼印刷有限公司
　　　　　香港柴灣吉勝街四十五號四樓 A 室
版　　次　二〇二四年五月香港第一版第一次印刷
規　　格　十六開（168 mm × 230 mm）三二〇面
國際書號　ISBN 978-962-04-5432-5

Published & Printed in Hong Kong, China.